AF300460

SCIENTIA

Octobre 1901.

BIOLOGIE

n° 12.

L'HÉRÉDITÉ ACQUISE

SES CONSÉQUENCES HORTICOLES, AGRICOLES ET MÉDICALES

PAR

M.-J. COSTANTIN

TABLE DES MATIÈRES

PRÉFACE

Dans un ouvrage publié antérieurement (1), j'ai exposé quelques arguments qui m'ont paru être d'une grande force en faveur de l'hérédité des caractères acquis. Les éléments de ma démonstration avaient été obtenus en rassemblant des faits tirés exclusivement du domaine de la Botanique. Je me suis convaincu depuis cette époque que la question fondamentale qui m'avait alors occupé est encore aujourd'hui l'objet de débats extrêmement vifs mais assez peu clairs entre les zoologistes. Une école entière de naturalistes, comprenant plusieurs savants éminents, non seulement nie l'existence mais n'admet pas même la *possibilité* d'une transmission de caractères nés sous l'influence du milieu. Cette constatation bien faite pour m'émouvoir m'a amené à me demander si les conclusions qui m'avaient paru si vraisemblables, pour ne pas dire si certaines, étaient erronées, ou bien s'il y avait, sur ce point capital de la Biologie générale, opposition et contradiction entre les données de la Botanique et celles de la Zoologie. L'incertitude dans laquelle je me suis trouvé m'a fait prendre la résolution d'essayer d'en sortir à n'importe quel prix; et, pour cela, j'ai cru indispensable d'examiner avec soin toutes les raisons invoquées, tous les exemples cités pour ou contre la thèse en discussion; cette étude critique m'a évidemment entraîné assez loin du champ ordinaire de mes études. A ceux qui seraient tentés de m'en faire un reproche, je répondrai que j'étais moralement obligé de me livrer à ce contrôle. D'ailleurs raffermir ses convictions, consolider ses idées quand on les croit

---

(1) *Végétaux et milieux cosmiques* (Biblioth. Scient. internat. Alcan).

justes constituent des tâches trop importantes pour que l'on songe à s'y dérober. On peut ajouter, en outre, qu'il s'agit d'une question qui, comme le dit M. Herbert Spencer, « appelle avant toute autre l'attention des hommes de science ». On ne saurait, en effet, envisager un problème biologique plus capital que celui qui sera examiné dans ce livre. Quelques bons esprits diront peut-être même qu'il est tellement grand et élevé qu'il sort du domaine de la science, car, pour une certaine école de savants, l'hérédité est un phénomène mystérieux que nous chercherons en vain à comprendre et que nous devrions abandonner à la méditation des philosophes.

« Toutes les questions absolues, dit Littré, c'est-à-dire qui s'occupent de l'origine et de la fin des choses, sont pour le moment hors du domaine de la connaissance humaine et par conséquent ne peuvent diriger les esprits dans la recherche, les hommes dans la conduite et les sociétés dans le développement. L'origine des choses, nous n'y avons pas été, la fin des choses nous n'y sommes pas. Nous n'avons aucun moyen de connaître ni cette origine, ni cette fin (1). »

« Certaines vérités, ajoute-t-il, sont comme un océan qui vient battre notre rive et pour lequel nous n'avons jusqu'ici, ni barque, ni voile, mais dont la claire vision est aussi salutaire, que formidable. »

On ne saurait protester avec trop de force contre une pareille manière de voir, car la solution donnée au problème de l'hérédité acquise est de nature à orienter la science dans une voie nouvelle. Il ne suffit plus, peut-on dire, à l'heure présente d'admettre l'évolution, il faut tâcher de savoir comment elle s'opère. Or doit-on dire, dès le début, que les causes de la variation des êtres vivants sont en dehors de notre atteinte et y resteront toujours ; n'est-il pas plus scientifique de croire qu'elles sont accessibles et que la science doit découvrir vers quelles rives inconnues l'évolution entraîne les êtres vivants.

Plusieurs savants ont réclamé, dans ces dernières années, la fondation d'instituts scientifiques en vue d'étudier le grand problème de la transformation des espèces. Si l'on admet, plus ou moins implicitement, que l'expérience ne peut rien dans cet ordre de questions et que le hasard y fait tout, il faut avouer que

---

(1) LITTRÉ. *Cours de philosophie positive*, 1853, p. 107, 517.

les gouvernements auraient grand tort de gaspiller leur argent pour des fondations dont la tâche serait aussi mal définie. Je crois qu'il n'en est rien car toutes les métamorphoses des êtres s'opèrent grâce à l'intervention de causes physico-chimiques sur lesquelles l'homme peut agir (1).

L'intérêt théorique de la question de l'hérédité acquise est incontestable, mais son intérêt pratique n'est pas moins grand. L'agriculteur, l'horticulteur, le médecin ne sauraient, sans de graves inconvénients, négliger un pareil problème. Les traditions des éleveurs et des agronomes sont-elles fondées ou reposent-elles sur une routine qu'il faut abandonner ? L'hérédité des maladies est-elle réelle et quelles conséquences faut-il en déduire relativement à l'immunité ? Autant de questions que nous aurons à examiner.

Le lecteur s'apercevra aisément en parcourant ce livre quelle est l'étendue de la question qui y est posée : elle est liée non seulement au perfectionnement physique de l'homme mais aussi à son développement moral, car l'étude des transformations héréditaires des habitudes touche aux questions les plus délicates de l'éducation et de la Sociologie. « Plusieurs observations, dit Laplace, faites sur l'homme et les animaux, et qu'il est bien important de continuer, portent à croire que les modifications du sensorium, auxquelles l'habitude a donné une si grande consistance, se transmettent des pères aux enfants par voie de génération comme plusieurs dispositions organiques. Une disposition originelle à tous les mouvements extérieurs qui accompagnent les actes habituels explique de la manière la plus simple l'empire que les habitudes enracinées par les siècles exercent sur tout un peuple et la facilité de leur communication aux enfants, lors même qu'elles sont le plus contraire à la raison et aux droits imprescriptibles de la nature humaine. » Par là, le problème de l'hérédité acquise est lié à la culture de l'homme et à tous les phénomènes de la vie sociale qui s'y rattachent.

---

(1) Il me paraît d'ailleurs que, sans rien créer, de pareilles recherches pourraient être entreprises par des établissements déjà séculaires qui sont désignés pour de telles recherches destinées à être poursuivies traditionnellement pendant une longue suite de générations. et le Muséum d'Histoire naturelle est évidemment à citer au premier rang.

CHAPITRE I.

Le problème qui va nous occuper a été très anciennement posé. Déjà Aristote admettait, dans certains cas, la transmissibilité aux enfants des marques dues à des mutilations subies par les parents dans le cours de leur vie. Cette opinion, qui fut celle d'Hippocrate et de beaucoup de médecins, a été défendue au XVIIIe siècle par Maupertius, mais combattue par Bonnet. Le principe de la conservation des modifications acquises a été adopté par Lamarck en 1806, il est même devenu le fondement de sa Philosophie zoologique.

Pendant la première moitié du XIXe siècle, les observations et expériences faites par les médecins, les vétérinaires, les naturalistes (Sedwick, Lucas, Baker, Meckel, Grognier, Lafont-Pouloti, Pichard, Flourens, Girou de Buzareignes, Brown-Séquard) paraissaient toutes plaider en faveur de la transmission des caractères acquis ; aussi Darwin n'hésita-t-il pas à admettre cette transmissibilité qui pouvait consolider ses conceptions théoriques.

C'est à partir de 1875 que ce principe a de nouveau été remis en question. M. Galton (1) a alors affirmé que les caractères acquis sont seulement « faintly heritable, » (héritables en apparence) et il a cherché a prouver « the almost complete non transmission of acquired modifications » (la presque complète non transmission des modifications acquises). En 1880, M. Pflüger (2) écrivait : « J'ai pris une complète connaissance de tous les faits qui sont invoqués pour démontrer l'hérédité des caractères

---

(1) GALTON. *Contemporary Review*, 1875, XXIII, p. 95.
(2) PFLÜGER. *Archiv. für Physiologie*, 1883, XXXII, p. 68.

acquis, c'est-à-dire des caractères qui ne dépendent pas d'une organisation particulière de l'œuf et de la liqueur séminale qui forment l'individu, mais résultent d'influences extérieures accidentelles qui s'exercent plus tard sur l'organisme. Pas un seul de ces faits ne démontre la transmission des caractères acquis. »

Cette manière de voir, adoptée par M. Dubois Raymond (1) en 1881, a été défendue à partir de 1883 par M. Weismann dans une série de mémoires où la variété des points de vue rivalise avec la subtilité de la pensée.

On peut remarquer que cette opinion nouvelle commença à se répandre surtout à l'instant où les découvertes de Pasteur révolutionnaient la médecine. Cela se conçoit aisément, car c'était au domaine de la pathologie qu'étaient empruntés les faits les plus nombreux et, en apparence, les plus probants, plaidant en faveur de la transmission. Du moment que les causes des maladies prétendues héréditaires étaient des Bactéries, on pouvait supposer qu'en vivant en commun dans la même maison le père avait contaminé le fils. Une foule de phénomènes envisagés comme des cas d'hérédité bien typiques étaient simplement dus à la contagion.

La valeur de cette objection fut admirablement saisie par M. Weismann (2) et il s'efforça de démontrer, par des arguments un peu captieux mais cependant incisifs, et sans faire d'expérience, que les célèbres recherches de Brown-Séquard sur la transmissibilité de l'épilepsie ne prouvaient rien car la cause de la maladie devait être une Bactérie qui avait échappé à la sagacité de ce physiologiste.

La phalange des adeptes des conceptions nouvelles s'est augmentée peu à peu et, en 1897, M. Delage (3) n'hésitait pas à écrire que « l'idée de la non hérédité des caractères acquis est celle qui, de beaucoup, a le plus d'adhérents et parmi les naturalistes les plus distingués ». Si M. Wallace (4) reconnaît que « l'on ne peut pas dire que la théorie (de M. Weismann) soit prouvée, » il n'hésite cependant pas à affirmer que, pour lui,

---

(1) Dubois Raymond. Ueber die Uebung. Berlin, 1881.
(2) Weismann. De l'hérédité (Trad. franç. de M. de Varigny; traduct. angl. en 2 vol.).
(3) *Année biol.*, I, p. 963.
(4) Wallace. Darwinisme (Trad. franç. de M. de Varigny, p. 599 et 601).

les spéculations de l'école néo-lamarckienne « cessent d'avoir le moindre poids ». M. Ray Lankester (1) n'a pas craint d'affirmer « qu'aucun caractère acquis n'était héréditaire » et que la formation de nouvelles races ne pouvait être attribuée qu'à la sélection naturelle de variations congénitales; ces dernières étant dues à des perturbations accidentelles de l'évolution des cellules germinales de chaque sexe.

En 1898, M. Delage (2), s'exprimant avec plus de force encore, disait que « l'hérédité des caractères acquis est non seulement contredite par les faits mais même inconcevable ».

De tels témoignages sont bien inquiétants pour ceux qui se sont portés défenseurs de l'ancienne opinion d'Aristote. Ces défenseurs sont cependant nombreux dans tous les pays. En Amérique, notamment, il s'est formé, autour de l'éminent paléontologiste Cope, une énergique légion (3) de défenseurs des concepts de Lamarck, ce savant français si longtemps méconnu dans son pays dont il restera cependant une des plus grandes gloires. En Allemagne, MM. Virchow, Haeckel, Nussbaum, Eimer, Ornstein, Willkens, etc., sont des partisans de l'hérédité des caractères acquis. En Angleterre, nous pouvons citer, parmi les adeptes des mêmes doctrines, MM. Spencer, Cunningham, Henslow, et Romanes lui-même, converti de la dernière heure (4).

---

(1) *Nature*, LI, p. 245. Voir aussi du même auteur : *Encyplopedia Britannica*, XIV (The history and scope of Zoology). Advance of science, p. 372, 373. — M. PLATF BALL (Les effets de l'usage et de la désuétude sont-ils héréditaires ? *Bibliothèque évolutionniste*, II) bien que combattant Lamarck reconnaît que l'enquête est difficile et que « le témoignage d'aucun côté ne peut être absolument concluant » (préf. x).

(2) *Ann. biolog.*, II, p. 195.

(3) COPE. Primary factors of organic evolution. Chicago, 1896. Il cite dans la phalange de la nouvelle école MM. Hyatt, Ryder, Dall, Osborn, Sackard, Jackson, Scott, Ward, Lester, Elliot, Sharp, Riley, Orr.

(4) ROMANES. Darwin and after Darwin, 3 vol. — SPENCER (*Nineteenth Century*, avril 1886. *Contemporary Review*, 1893). — CUNNINGHAM. Acquired characters (*Nature*, 1895, p. 293). Lyell and Lamarckism (*Nat. Sc.*, VIII, p. 326). — HENSLOW. The Origin of Plants structures by self adaptation to the environment (*Inter. sc. series*, London). Individual variations (*Nature Sc.*, VI, 385).

VIRCHOW. Ueber den Transformismus (*Biolog. Centralblatt*, VII, 545). Descendenz und Pathologie (*Virchow's Archiv.*, CIII, 1-15, 205, 413). — EIMER. Die Entstehung der Arten auf Grund der vererbten erworbene Eigenschaft. Iena, 1888, 416 p. — NUSSBAUM. Ueber Verurbung, 8° Bonn,

On voit donc qu'actuellement depuis le triomphe à peu près définitif des idées transformistes, deux écoles se partagent le monde savant. L'une, se rattachant aux conceptions premières de Darwin (conceptions singulièrement atténuées par lui à la fin de sa vie), affirme que la sélection est tout et que les forces cosmiques n'interviennent pas dans les changements des animaux et des plantes. L'autre, qui reprend les idées de Lamarck, soutient que la sélection ne joue dans l'histoire de l'évolution des êtres vivants qu'un rôle subordonné et que les forces physico-chimiques, l'usage et la désuétude président aux changements des organismes.

Quel parti prendre entre ces deux écoles ? Ces luttes trahissent-elles un avortement et une faillite de la science ? On serait tenté de le croire si l'opinion de Spencer est justifiée : « Ou bien, dit-il, il y a hérédité des caractères acquis, ou bien il n'y a pas d'évolution. »

La situation que je viens de décrire est très regrettable, et on ne saurait faire trop d'efforts pour la modifier. L'examen approfondi de la question montrera, au lecteur, je l'espère, de quel côté est la vérité.

1888. — ORTH. Ueber Entstehung und Vererbung (*Festsch. f. Anat.*, v. Kölliker, 1887). — ORNSTEIN. Ein Beitrag zur Vererbungsfrage, 1889. — WILKENS (*Biol. Centralbl.*, 1893). — EMERY (*Biol. Centralbl.*, 1893). — SEMPER. Die natürlichen Existenzbedingungen der Thiere (*Intern. wissensch. Bibliothek*, 1880, Leipzig), etc.

CHAPITRE II

THÉORIE DU PLASMA GERMINATIF

Le succès des idées de M. Weismann, ai-je dit plus haut, a tenu, en partie, au bouleversement profond apporté par Pasteur dans les sciences médicales. Un second élément a contribué à leur réussite ; l'éclosion pour elles a coïncidé avec le moment où se faisaient les découvertes les plus fondamentales en cytologie. C'est à cette époque que l'on vit paraître les beaux travaux de MM. Strasburger, Flemming, Guignard et de toute la brillante pléiade des cytologistes. Cette vue nouvelle jetée sur la texture intime de la matière vivante devait faire naître, dans quelques esprits philosophiques, la pensée que l'étude de ce domaine révélerait peut-être une partie des mystères de la vie et de l'hérédité. M. Weismann comprit très habilement cet état de choses, aussi adopta-t-il avec empressement les idées de MM. Strasburger et O. Hertwig qui admettaient que le noyau des cellules reproductrices renferme non seulement la substance fécondante, mais doit aussi être considéré comme le support des propriétés héréditaires transmises par l'ancêtre à ses descendants.

Tous les phénomènes qui se passaient alors dans le noyau prirent pour M. Weismann une importance considérable. Dès 1885, à la suite des observations de Van Beneden sur l'*Ascaris megalocephala* d'après lesquelles les noyaux plutôt que de se fondre irrégulièrement l'un dans l'autre « disposent régulièrement leurs anses deux par deux en face les unes des autres », il n'hésita pas à dire que la « substance nucléaire organisée est l'agent unique des tendances héréditaires (1) ». En 1887, il précisait encore et identifiait la substance héréditaire avec les

---

(1) WEISMANN. Hérédité (Trad. franç., p 174).

anses chromatiques. Cette idée était d'ailleurs exposée, à la même époque, par M. Minot et adoptée par M. Maupas (1).

Ces conceptions donnèrent à la notion du plasma germinatif une précision singulière. Dès l'origine du développement d'un être, le protoplasma, accru par la nutrition, se divise en deux parties : l'une de composition rigoureusement constante qui se maintient pendant toute la vie de l'individu, qui se retrouve dans l'œuf et qui donne naissance au fils de l'individu en question ; l'autre portion du protoplasma s'altère, varie au contraire prodigieusement en édifiant progressivement le corps adulte. Ces deux protoplasmes sont : l'un, le *plasma germinatif*, celui de l'œuf ; l'autre, le *plasma somatique*, celui du corps.

Grâce à cette théorie, on conçoit très bien pourquoi le fils ressemble au père. Malgré sa complexité chimique, le plasma germinatif est une substance d'une stabilité merveilleuse puisque certaines espèces n'ont pas varié depuis l'époque égyptienne ou même depuis la période glaciaire. D'après cela, on ne peut pas songer à admettre que les agents extérieurs aient aucune influence sur cette matière : elle est trop profondément située pour subir l'action modificatrice des conditions ambiantes. Les seules variations possibles pour elle sont celles dues au mélange des protoplasmes mâle et femelle au moment de la fécondation : protoplasmes infiniment voisins, amenant par conséquent l'apparition de variations infiniment petites. Puisque le milieu ambiant n'agit pas sur le germe, il ne peut pas y avoir d'hérédité acquise. J'expose, on le voit, la théorie sans la discuter.

L'étude du phénomène de la fécondation devient capitale. Que se passe-t-il dans l'œuf fécondé ? Pour le savoir j'imagine le plasma germinatif primitif, je puis supposer qu'il était homogène ; mais, à la suite de la première fécondation, il contint deux plasmas et, d'après ce qui a été dit plus haut, c'est dans le filament chromatique qu'ils existaient. A la 2ᵉ fécondation, il y en eût 4 ; à la 3ᵉ, 8, etc. Mais il est bien évident que ce nombre n'a pas pu croître indéfiniment : il a dû arriver un moment où le filament a été saturé. M. Weismann admet que « toutes les espèces existantes doivent donc contenir maintenant autant de différentes sortes de plasmas germinatifs ancestraux qu'elles en peuvent renfer-

---

(1) Minot (*Science*. New-York, VIII, p. 125). — Maupas (*Archiv. zool. exp.* IIᵉ, VI, p. 165 ; VII, p. 149).

mer ». Comment s'opère donc aujourd'hui la reproduction sexuelle ? « A cette question, on ne peut faire qu'une seule réponse, et dire que la reproduction sexuelle s'accompagne d'une réduction dans le nombre des plasmas germinatifs ancestraux qui s'opère à chaque génération. *Il semble certain que cette réduction doit exister* (1). »

Mais le plasma germinatif est dans le filament chromatique, ne l'oublions pas, et la réduction doit s'opérer dans la division nucléaire, aussi M. Weismann n'hésite-t-il pas à affirmer « sans crainte » et « en dehors de toute observation déjà faite » qu'il « *doit* y avoir une forme de division nucléaire dans laquelle les plasmas germinatifs ancestraux contenus dans le noyau sont répartis entre les noyaux filles de telle façon que chacun d'eux ne reçoit que la moitié du nombre contenu dans le noyau originel ».

C'est en 1887 que M. Weismann n'hésitait pas à écrire la phrase précédente. Déjà antérieurement, M. Strasburger avait songé à tirer parti de la division réductrice pour expliquer certaines particularités de la ressemblance héréditaire ; mais on peut dire sans crainte qu'il aurait été bien audacieux, à cette époque, de tirer des conclusions sûres et générales.

Les conclusions surprenantes que M. Weismann déduisait de sa théorie se sont vérifiées depuis. On a constaté que le nombre des anses au moment de la fécondation était caractéristique d'une espèce donnée, qu'il était le même dans les deux noyaux sexuels. A la suite de la fécondation, ce nombre est doublé dans tous les noyaux des cellules végétatives. Enfin, le processus de réduction que M. Weismann annonçait comme devant exister chez les animaux et les plantes a été découvert partout à la suite de recherches longuement poursuivies par un grand nombre d'observateurs patients et habiles.

Il serait certes excessif de comparer les conceptions de M. Weismann à celles de Le Verrier qui trouvait dans ses formules la preuve de l'existence de corps célestes dont les astronomes vérifiaient ensuite l'existence, il n'en faut pas moins reconnaître que ses vues ont été fécondes et que ses théories ont exercé pendant un certain temps sur les cytologistes une fascination très compréhensible. C'est ainsi que sans le vouloir, et quelque-

---

(1) Weismann. Hérédité, p. 267 et suiv.

fois même sans le savoir, certains cytologistes, et des plus illustres, ont pu être, à plus ou moins juste titre, qualifiés de néo-darwiniens.

Deux séries d'expériences très remarquables ont d'ailleurs justifié la haute importance du noyau : les premières se rapportent aux recherches de mérotomie des Infusoires ; les secondes à la conjugaison des œufs énucléés d'Oursins.

Les cytologistes tenant à l'heure actuelle une très grande place dans la science, une théorie les aidant dans leurs recherches ne pouvait manquer d'avoir une profonde influence sur l'évolution scientifique contemporaine.

Cependant on n'a pas tardé à s'apercevoir, surtout dans ces derniers temps, que les déductions de M. Weismann ne cadraient pas toujours avec les faits.

La loi de la constance du nombre des anses chromatiques souffre quelques exceptions (1). Les expériences de mérotomie des Infusoires ne prouvent pas que le protoplasma ne joue aucun rôle héréditaire. Les belles recherches de M. Guignard ont établi que jusqu'au dernier stade de la fécondation on aperçoit à l'extrémité du tube pollinique une masse de protoplasma mâle. Les travaux de M. Belajeff ont montré qu'il y a dans l'anthérozoïde des Cryptogames vasculaires une partie protoplasmique. Parce qu'on discerne dans le noyau un caractère qui paraît lié à l'hérédité, doit-on en conclure que l'hérédité n'existe que là ? « On sait, disait récemment M. Delage, que la plupart des biologistes qui admettent l'existence objective d'un plasma germinatif placent ce plasma dans le noyau, si bien que l'on a pu dire que le noyau était l'organe de l'hérédité. Un des arguments les plus fréquemment cités en faveur de cette thèse était la fameuse expérience de Boveri qui avait obtenu des hybrides de deux espèces d'Oursins par la fécondation d'un œuf sans noyau, hybrides ne pré-

---

(1) D'après M. Brauer, il y a tantôt 168 anses, tantôt 84 chez un *Artemia* ; M. Korschelt a signalé une variabilité analogue pour l'*Ophry-trocha puerilis*. Chez les végétaux, M. Dixon a cité de pareilles anomalies chez le *Lilium longiflorum* (8 ou 12 anses), M. Strasburger a compté de même 14 chromosomes au lieu de 12 chez le *Chlorophyton*, etc.

Les deux variétés d'*Ascaris megalocephala* (*univalens* et *bivalens*) peuvent se conjuguer ensemble d'après M. Meyer : les œufs se développent et il y a 3 chromosomes au lieu de 4 ou 2 (Celluläre Unters. an Nematodeneiern. *Zeitsch. f. nat.*, XXIX, p. 311).

sentant aucun caractère maternel. Parmi ceux qui parlaient de cette célèbre expérience, bien des personnes peu au courant de ces sortes de questions croyaient que la fécondation avait été observée *de visu*. Il n'en est rien : ce n'est qu'une induction résultant de statistiques. Aussi la conclusion de Boveri a-t-elle été chaque année l'objet de très vives discussions entre ses partisans et ses adversaires. Un travail de Seeliger montre que le dernier argument qui restât debout, celui de la ressemblance exclusive des hybrides avec la mère tombe comme les autres, car il a observé des hybrides de ce genre dans les conditions naturelles ; il semble donc bien qu'il faille renoncer à la séduisante notion que Boveri avait introduite en Biologie (1). »

Un autre observation bat en brèche la théorie de M. Weismann. Les plasmas ancestraux étant très nombreux dans une anse chromatique, il en conclut qu'ils doivent être disposés « en série linéaire ». Les microsomes (ou ides) sont donc les plasmas ancestraux. Dans les divisions ordinaires, les anses (idantes) se fendent longitudinalement, ceci ne permet pas, par conséquent, l'élimination des plasmas ancestraux surabondants. M. Weismann en concluait qu'il devait « exister une autre karyokinèse » dans laquelle la division est transversale. Cette division, plusieurs observateurs (M. Belajeff, etc.) ont cru la découvrir. Mais, d'après M. Guignard, ce processus n'est pas général et il ne se retrouve pas au moins dans le *Najas* (2).

En somme, la théorie de M. Weismann ne présente plus à l'heure actuelle le degré de séduction qu'on était tenté de lui reconnaître à un certain moment.

Si l'on envisage maintenant ces conceptions spéculatives, non plus au point de vue de la Cytologie, mais relativement à la Biologie générale, on s'aperçoit rapidement que M. Weismann tire de ses données des conclusions très inquiétantes et très peu justifiées.

______

(1) *Année biol.*, 1896, p. 444.
(2) Guignard. Le développem. du pollen et la réduct. chromat. dans le *Najas major* (*Archiv. d'anat. microsc.* t. II, 20 mars 1899).

CHAPITRE III

HÉRÉDITÉ DANS LA REPRODUCTION ASEXUÉE

(Variétés horticoles et agricoles. Hybrides de greffe.)

Toute variation résulte de la fécondation et de la fusion de plasmas ancestraux distincts. Il découle de là qu'il n'y a pas de variation ni de sélection chez les espèces à reproduction asexuelle. « Si l'on démontrait, dit M. Weismann, qu'une espèce se reproduisant par parthénogénèse se transforme en une espèce nouvelle, on démontrerait, du même coup, qu'il y a d'autres agents que les processus de sélection, car la sélection ne pourrait donner naissance à cette espèce. » « La reproduction monogame, ajoute-t-il, n'est pas en état de déterminer une variation individuelle héréditaire (1). »

Dès 1889, M. Vines (2) avait rappelé à M. Weismann l'existence de groupes entiers de Champignons descendus évidemment les uns des autres et se reproduisant seulement par spores. Cette objection a beaucoup saisi notre auteur et il dit avec une parfaite bonne foi : « Je veux croire que M. Vines a raison de contester que la reproduction sexuelle soit le seul facteur qui maintient la variabilité des Métazoaires et des Métaphytes. J'aurais déjà pu dire dans l'édition anglaise de mes mémoires que, depuis lors, mes vues se sont un peu modifiées dans ce sens. »

Quelques auteurs ont cru, il est vrai, découvrir récemment une fécondation chez certains Champignons regardés antérieurement comme asexués. Afin que personne ne puisse être tenté

---

(1) *Loc. cit.*, p. 322, 323.
(2) Vines. An examination of some points in Prof. Weismanns, Theory of Heredity (*Nature*, XL, p. 621, 626).

de voir dans ces observations, peu admises jusqu'ici au moins comme résultat général, un argument en faveur des idées de M. Weismann, je citerai plusieurs faits décisifs pour élucider la question qui nous préoccupe.

M. Matruchot (1) a montré avec beaucoup de netteté (dans la thèse intéressante qu'il a faite étant agrégé-préparateur de l'École normale) l'existence de deux races très distinctes de *Trichothecium*, l'une produisant un *Pseudo-verticillium*, l'autre n'en produisant pas. On a là un exemple net d'une influence héréditaire s'exerçant chez un Champignon filamenteux en dehors de tout phénomène de vraie ou fausse fécondation.

Diverses expériences également très suggestives plaident manifestement en faveur de l'hérédité des caractères acquis que M. Weismann s'acharne vainement à nier. M. Eschenhagen a constaté que des conidies qui, sous des conditions ordinaires, ne supportent pas certaines doses salines, peuvent dépasser ces limites lorsque la plante mère a été accoutumée à des solutions fortes. Les recherches faites récemment par M. Hunger (2) sous la direction de M. Errera confirment complètement ce résultat. Il ajoute du sel marin au liquide Raulin où il cultive le *Sterigmatocystis nigra* et il constate un retard dans la germination, retard d'autant plus grand que la concentration est plus forte. Si, à la seconde génération, il compare la rapidité de germination des spores de *Sterigmatocystis* ayant végété sur des liquides salés ou non, il remarque qu'il y a adaptation au sel dans le premier cas. Ce résultat est d'ailleurs plus accusé à la deuxième génération qu'à la première.

M. Ray (3) est arrivé également à des résultats décisifs dans cette voie. Il sème une moisissure, le *Sterigmatocystis alba*, sur du glucose, il obtient, au début, les fructifications au bout de quinze jours ; répétant les cultures sur ce milieu, il voit la rapidité du développement s'accélérer à chaque nouvelle génération et, à la

---

(1) Matruchot. Rech. sur le développement de quelques Mucédinées. *Thèse*, 1892.

(2) Eschenhagen. Ueber den Einfluss von Lösungen verschiedener Concentration auf das Wachsthum von Schimmelpilzen. 1889. — Errera. Hérédité d'un caract. acquis chez un Champignon d'après les expériences de M. Hunger (*Bull. de l'Acad. roy. de Belg.*, 1899, p. 81).

(3) Ray. Variat. des Champig. inf. sous l'infl. du milieu (*Rev. générale de bot.*, t. IX, 1897).

sixième culture, les fructifications sont déjà visibles au bout de huit jours. En même temps, la forme du Champignon se modifie profondément ; la tête diminue, les basides se différencient de moins en moins et on obtient une forme qui rappelle un *Penicillium*. À mesure que la plante s'adapte au milieu sucré et s'y modifie, elle se désadapte au milieu initial qui était du fromage ; mais, en quelques générations, les conidies peuvent être réadaptées au milieu primitif.

M. Weismann, il est vrai, pourrait répondre que les Champignons dont il vient d'être question se comportent comme les Protozoaires. En effet, d'après une conception assez singulière de cet auteur, la règle inflexible de la non-hérédité des caractères acquis souffre une exception : pour les Protozoaires « l'origine des différences individuelles héréditaires se trouve en définitive dans les influences extérieures qui modifient directement l'organisme ». Cette exception est évidemment applicable aux Bactéries ; d'ailleurs les expériences décisives de MM. Wasserzug, Schottelius, Laurent, Gessard, Vincent (1), prouvent surabondamment qu'il en est ainsi. Comment expliquer cette anomalie ? Très simplement, reprend M. Weismann : chez les êtres unicellulaires, il n'y a pas de distinction entre le *soma* et le *germen*, tandis qu'il y en a une chez les Métazoaires et Métaphytes (2). Mais les Champignons cités plus haut sont polycellulaires. Où donc est la limite précise entre les êtres chez lesquels il y a une hérédité acquise et ceux chez lesquels elle manque ?

Admettons cependant que, chez les Champignons filamenteux, l'exception à la règle générale tienne à leur structure dégradée ? Mais ne connaît-on pas des exemples nombreux d'hérédité asexuelle chez les Phanérogames ?

Variétés horticoles et agricoles. — Les Ananas, les Bananiers, les Arbres à pain (*Artocarpus*), dans les régions chaudes, les Fraisiers, les Raiforts, les Chrysantèmes, les Dahlias, les Tulipes,

---

(1) Wasserzug (*Ann. de l'Inst. Past.*, I, 1887, p. 590 ; II, 1888, p. 79, 155). — Schottelius (*Festsch. für Kolliker*, 1887). — Laurent (*Ann. Inst. Past*, IV, 1890, p. 465). — Gessard (*id.*, V, 1891, p. 70) — Vincent (*id.*, V).

(2) Les expériences de bouturage sur les Métaphytes qui peuvent réussir avec des fragments de racine (*Paulownia*), de feuille (*Bégonia*), de tige (*Saule*) et donner des fleurs et des graines nous apprennent que chez ces plantes la distinction du soma et du germen n'existe pas.

etc., dans nos contrées, ne présentent-ils pas une multitude de races bien fixées que la sélection, consolide en dehors de toute sexualité.

Quand une Vigne présente le phénomène de la coulure (qui consiste en une métamorphose des fleurs en feuilles, ce qui supprime la récolte), les viticulteurs obvient à ce grave défaut en sélectionnant les boutures présentant le plus grand nombre de fleurs normales.

D'après M. Bailey (1), dans un individu végétal, il n'est pas deux rameaux qui soient strictement comparables : le praticien sait qu'il doit prendre ses boutures aux branches supérieures s'il veut des tiges droites et robustes, que les fruits sont plus précoces au sommet qu'à la base. Salter, cité par Darwin, a noté, il y a longtemps, que pour hâter la fixation des panachures, les bourgeons situés à la base des feuilles les plus panachées sont meilleurs à propager.

Hybrides de greffe. — Un dernier argument tout à fait décisif contre les conceptions de M. Weismann est fourni par les greffes.

Quelques plantes singulières désignées sous le nom d'hybrides de greffe montrent d'ailleurs d'une manière extrêmement nette que l'influence du sujet sur le greffon peut être directe.

Le Néflier de Bronvaux étudié scientifiquement par M. Le Monnier (2) se compose d'un fût d'environ 1^m, 60 de haut qui représente le tronc primitif d'un *Cratægus* et d'une cime constituée par les branches vigoureuses du Néflier produites par l'ancienne greffe en tête. De la région du bourrelet crevassé qui constitue le point de raccord des deux arbres, partent un certain nombre de branches présentant un mélange singulier des caractères des deux plantes. Ces branches sont, en effet, épineuses comme dans le *Cratægus* et veloutées comme dans le *Mespilus* ; les feuilles sont lobées comme dans l'Aubépine mais plus grandes, et en même temps villeuses comme dans le Néflier, mais plus petites que les feuilles normales de cette plante ; les inflorescences sont corymbiformes et peuvent posséder jusqu'à 12 fleurs ce qui serait peu pour un *Cratægus* et beaucoup pour un *Mespilus* ; en-

____

(1) BAILEY. The plant individual in the light of evolution (*Science,* 1895).

(2) LE MONNIER. Le Néflier de Bronvaux (*Bull. de la Soc. centrale d'horticult. de Nancy,* 1899).

fin les fruits sont intermédiaires entre ceux des espèces citées.

On mentionne deux autres cas de ce genre : l'orange *Bizarria*, moitié orange, moitié citron, obtenue au XVIIIe siècle par un jardinier italien, et le célèbre *Cytisus Adami* ayant des grappes de *Cytisus laburnum* et de *Cytisus purpureus*. Aux exemples précédents, on peut ajouter celui qui a été cité récemment par M. Wille (1). Il s'agit cette fois de la greffe d'un Poirier sur une Aubépine. La plante est restée 15 ans stérile. A 20 ans, on vit que ses feuilles et ses fleurs étaient celles d'un Poirier, mais ses inflorescences, celles d'un *Cratægus*. Les fruits pyriformes avaient la couleur de ceux de l'Aubépine et leur saveur était intermédiaire entre celle des fruits de ces deux espèces.

Dans les exemples qui précèdent, il n'a été question que des modifications qui apparaissent dans la plante supérieure greffée, mais rien ne nous fait supposer, a priori, que ces altérations sont profondes et peuvent, par la graine, se transmettre aux générations suivantes. Si ces phénomènes se produisent, on peut parler à plus juste titre encore d'hybridation par la greffe ; mais la plupart des horticulteurs sérieux rejettent cette conception. Carrière et André (2) n'hésitent pas à dire que « l'admettre serait osé par les conséquences que l'on en pourrait tirer ». Selon Baltet, la greffe laisse aux plantes qui la forment « leur autonomie ». Enfin, un savant allemand, le Dr Vöchting (3), n'hésite pas à traiter de « légendes » tous les faits cités comme prouvant l'influence du sujet inférieur sur le greffon supérieur. « Dans aucun cas, dit-il, on n'a démontré qu'il existe des influences spécifiques entre le sujet et le greffon. »

M. Daniel est cependant arrivé par des expériences très soigneusement conduites à prouver que ces opinions étaient inexactes. Il a montré, par exemple, en greffant une Carotte sauvage sur une Carotte cultivée, que les graines issues de la plante supérieure donnent de nombreuses germinations anomales à trois ou à un cotylédon, ce qui n'arrive pas pour les plantes témoins issues de Carottes sauvages ordinaires ; plus tard il observa un changement remarquable dans la racine

---

(1) WILLE. Früchte und Blätter eines Pfropbastardes von einer auf Weissdorn veredelten Birne (*Biol. Centralbl.*, XVI, p. 126).

(2) *Rev. hort.*, 1885, p. 554.

(3) *Sitzungsb. Konigl. preuss Akad. d. Wiss. math. Phys. Classe* (12 juillet 1894).

tuberculeuse. On sait que dans une Carotte sauvage la racine est blanche, peu épaisse, dépassant rarement 1 centimètre de diamètre. La Carotte cultivée est rouge et atteint souvent 6 centimètres de diamètre. Or, dans les Carottes sauvages provenant de graines d'individus greffés, les racines tuberculeuses étaient encore blanches, mais leur diamètre variait de 2 à 8 centimères; le tubercule avait une saveur peu agréable, mais cependant beaucoup plus sucrée que dans la Carotte sauvage.

Des résultats aussi frappants ont été obtenus à l'aide d'un Chou-rave greffé sur un Chou cabus. Les graines issues de la plante supérieure ont donné des Choux se rapprochant du greffon par leur tige tuberculeuse, par l'aspect général de la feuille et la couleur de l'épiderme de la tige. Ils ressemblaient au sujet ou plante inférieure de la greffe par leurs yeux plus rapprochés et la dureté plus grande de leur écorce; ils présentaient, en outre, une remarquable résistance au froid comme les Choux cabus ou de Mortagne. Ce résultat a une importance pratique incontestable, il permet d'obtenir un Chou qui peut fournir aux cultivateurs un fourrage vert abondant au début du printemps, au moment où les fourrages secs sont épuisés, alors que les fourrages verts ordinaires manquent si l'hiver a été rude (1).

On voit donc que l'hypothèse de M. Weismann est stérile, tandis que les conceptions lamarckiennes sont fécondes, puisqu'elles peuvent orienter l'agronome ou l'horticulteur vers des recherches conduisant à des découvertes pratiques du plus grand intérêt.

---

(1) DANIEL. Un nouveau chou fourrager (*Rev. gén. de bot.*, 1895). La variat. dans la greffe (*Ann. des Sc. nat.*, 1898, t. VIII, p. 185). — Rech. morph. sur la greffe (*Rev. de bot.*, 1894). — Infl. du sujet sur la postérité du greffon (*Le Monde des plantes*). — Greffe de l'Aubergine sur la Tomate (*Bull. de la Soc. scient. et méd. de Rennes*, 1895). Voir aussi : *Année biol.*, I, p. 269.

CHAPITRE IV

LE SENS DU MOT ACQUIS

Si je négligeais d'essayer de bien saisir le sens des mots « caractères acquis », je pourrai encourir le reproche qui a été fait à plusieurs de ne pas avoir compris la nature exacte du problème à résoudre.

Il faut d'abord tenir compte de l'atavisme, car nous sommes exposés à confondre les caractères *nouveaux* avec les caractères ataviques. Il n'y a qu'une manière de lever cette difficulté, c'est de considérer seulement les caractères produits expérimentalement. « Un caractère peut être considéré comme acquis, dit M. Galton, lorsqu'il est présenté par tous les individus qui ont été soumis à une influence particulière et exceptionnelle et seulement par ces individus. » L'expérience permettra donc de résoudre le problème posé dans cet ouvrage.

Dichogénie. — Une conception bizarre de M. de Vries peut, il est vrai, conduire à cette opinion que l'expérience elle-même ne permettra pas d'élucider la question de l'acquisition d'un caractère. Place-t-on dans l'eau une plante amphibie comme la Sagittaire, elle développe des feuilles rubanées ; la transporte-t-on à l'air, elle a des feuilles en flèches. Cela tient tout simplement, dirait le savant hollandais, à ce que la plante possède, en puissance, la faculté de se développer dans deux sens différents : elle a, en un mot, deux hérédités.

En réalité, quand on examine de près les choses, même pour cette Sagittaire, deux hérédités ne suffisent pas pour expliquer les faits, il en faut un bien plus grand nombre : une Sagittaire que l'on fait végéter dans une eau très peu profonde, produit des feuilles rubanées aériennes courtes, épaisses, couvertes de stomates, à tissu palissadique. Ces feuilles n'ont donc rien de commun avec les feuilles rubanées aquatiques qui sont sans

stomates et sans palissades. Dans une eau moyennement profonde, il y a lieu de distinguer des feuilles en cœur nageantes et,
suivant les cas, elles auront quelques stomates à la face inférieure
ou pas du tout.

On voit, d'après cela, que M. Delage n'est pas trop sévère en
disant que la dichogénie est un « concept mal établi », qu'il vau-
drait mieux supprimer et considérer toutes les données qu'on a
voulu y rapporter « comme des faits de variation sous l'influence
des conditions de vie (1) ».

Caractères somatogènes et blastogènes. — M. Weismann a prétendu que les mots « caractères acquis » prêtaient à beaucoup
d'ambiguïté, aussi a-t-il proposé d'employer le terme « somatogène » au lieu d'acquis pour désigner les caractères qui viennent
du corps ou soma, en opposition avec celui de « blastogène » qui
se rapporte aux caractères venant de l'œuf.

Mais cette nouvelle manière de s'exprimer ne fait que transporter la difficulté, car elle conduit à se demander si tous les
caractères blastogénétiques sont de même nature.

M. Coutagne (2) remarque très bien qu'il y a lieu de distinguer dans l'hérédité acquise un double phénomène : « 1° Une
influence de milieu qui produit une certaine modification somatique, qui dès lors est dite acquise; 2° une sorte de réaction du
soma ainsi modifié sur les cellules germinales en voie de formation qui communique à ces cellules une tendance héréditaire
nouvelle, tendance qui a pour effet précisément de provoquer la
réapparition, au moins partielle, de la modification somatique
chez les descendants, sans que, bien entendu, intervienne cette
fois l'influence du milieu qui l'avait provoquée chez l'ascendant. »

« Dire que les caractères acquis sont héréditaires, c'est donc,
en définitive, dire que les modifications somatiques acquises
peuvent se transformer d'une génération à l'autre en tendances
héréditaires innées. »

Mais qu'est-ce qu'une tendance à varier de la même manière
que les parents? Cette question a été posée récemment par
M. Bennett et elle est très subtile. M. Weismann a défini les

---

(1) DELAGE. La struct. du prot. et l'hérédité, 1894, p. 282.
(2) COUTAGNE. Remarq. sur l'hérédité des caract. acquis (*Trav. du labor. d'étud. de la Soie Lyon*).

caractères acqui· « ceux qui n'existent pas dans le germe sous
forme de tendance » et il a dit également qu'un organisme ne
saurait prendre un caractère nouveau s'il ne possède déjà une
tendance à l'acquérir; les caractères nouveaux, selon M. Ray
Lankester, sont des caractères en puissance ou potentiels (1).
M. Bennett (2) a fait remarquer, non sans quelque raison,
que si un caractère acquis est celui qui n'existe pas dans le germe,
même à l'état latent, et si l'organisme ne peut manifester d'autre
part aucun caractère nouveau sans y être prédisposé, la possibilité
pour un caractère acquis de devenir héréditaire est nulle.

M. Delage (3) reproche, il est vrai, à M. Bennett de jouer sur
les mots : « Lorsque Weismann dit qu'un animal ne peut devenir porteur d'un caractère acquis, cela signifie seulement qu'il
ne peut l'acquérir que s'il a en lui une possibilité de subir la
variation dont la cause efficiente est en lui; et il y a là une
différence capitale (!) avec les caractères innés qui ne demandent
pour se montrer rien de spécial aux conditions ambiantes. » Il
nous paraît bien difficile de saisir ces subtilités. Si un caractère
a sa cause efficiente dans un être, c'est un caractère inné : il y
aurait donc deux sortes de caractères innés, les uns innés proprement dits, les autres provoqués par les conditions ambiantes.
La scolastique n'a rien inventé de plus stérile que cette discussion.

Nous ne suivrons pas M. Weismann sur ce terrain par trop
métaphysique. Nous nous en tiendrons aux remarques judicieuses et simples de M. Coutagne sur cette question. Que fau-
dra-t-il, selon lui, pour donner une solution de ce problème
embrouillé à plaisir? L'expérience devra prouver que certaines
qualités du soma « sont réellement acquises, la preuve en étant
dans le fait que les sujets témoins ne les possèdent pas ». Il faudra ensuite retrouver chez les descendants des individus modifiés

---

(1) RAY LANKESTER (*Nature*, 4). Dans les galles d'un Chêne dues à la
piqûre d'un Insecte, y a-t-il prédisposition du germe aux caractères nouveaux? Non. L'Insecte peut être supprimé et rien ne sera changé au
Chêne. Si les galles ont des caractères d'une constance qui nous étonne
cela tient à ce que des piqûres semblables, des venins ou des toxines identiques déforment les feuilles toujours de la même façon.

(2) BENNETT. What is a tendancy ? (*Science Progress*, III, p. 143).

(3) *Année biol.*, 1895.

la variation primitive, « ces derniers êtres étant, bien entendu, soustraits à l'influence de milieu qui a provoqué les modifications chez leurs ascendants de la génération précédente ».

Au lieu de discuter subtilement, cherchons si des expériences ont été faites réalisant les conditions réclamées par M. Coutagne.

CHAPITRE V

Le transformisme tel que l'a conçu Darwin ne mérite pas d'être qualifié « expérimental » parce que cet illustre savant, au début du moins, ne croyait pas à l'action du milieu. « Quelques auteurs, disait-il, emploient le terme de variation dans un sens technique ; c'est-à-dire comme impliquant une modification qui découle directement des conditions de vie ; or, dans ce sens, les variations ne sont pas susceptibles d'être transmises par hérédité (1). » Ce grand naturaliste a, il est vrai, singulièrement modifié sa manière de voir sur ce point vers la fin de sa vie. En 1876, s'adressant à M. Moritz Wagner, il écrivait : « Quand j'ai écrit l'Origine (des espèces) et quelques années après, je ne pus trouver qu'une faible évidence relativement à l'action du milieu ; il y a maintenant beaucoup plus de vraisemblance, et votre cas du *Saturnia* est un des plus remarquables. » En 1877, dans une lettre à M. Morse, il admet complètement « la haute valeur des travaux de M. Allen montrant combien de changements peuvent être dus apparemment à l'action directe des conditions de vie ».

M. Weismann en est resté à la phase primitive de l'évolution de l'esprit de Darwin, alors que ce dernier disait (lettre à Hooker de 1844) : « Les œuvres de Lamarck me paraissent extrêmement pauvres. Je n'en tire pas un fait, pas une idée. » « Nous maintenons, dit M. Weismann, que les caractères somatogènes ne peuvent pas être transmis, ou plutôt que ceux qui affirment qu'ils peuvent être transmis doivent fournir les preuves requises. Les caractères somatogènes non seulement comprennent

---

(1) *Origine des esp.*, trad. Barbier, p. 46.

les effets des mutilations mais les changements qui suivent l'exercice diminué ou accru d'une fonction et ceux qui sont dus directement à la nutrition et à toutes les influences externes qui agissent sur le corps. »

Je crois par mes premiers travaux être arrivé à prouver que l'action du milieu est profonde et universelle sur les végétaux. Dans un premier mémoire sur les tiges aériennes et souterraines des Dicotylédones, pour arriver à donner une démonstration rigoureuse des effets du séjour dans le sol, j'ai eu recours à la méthode expérimentale; elle m'a donné des résultats d'une netteté remarquable et d'une constance inattendue. J'ai contraint des plantules en germination à se développer sous la terre qui était progressivement accumulée au-dessus d'elles; j'ai pu arriver ainsi à métamorphoser les tissus chez les espèces les plus variées. Les plantes étaient comme rabougries, tuméfiées, décolorées.

On pourrait être tenté de dire qu'il n'y avait aucune conséquence intéressante à déduire de pareilles expériences, parce que les plantes étaient, pour ainsi dire, malades. Un fait bien évident découlait cependant de l'examen de l'ensemble des résultats de la partie expérimentale : c'est que les espèces les plus dissemblables et soumises au même traitement s'étaient modifiées de la même façon. On y observait partout le même gonflement du parenchyme cortical, la même suppression des tissus de soutien, comme le collenchyme et les fibres, les mêmes modifications de l'endoderme gardant tardivement ses plissements, le même retard dans l'évolution du tissu ligneux. S'il y avait de si grandes ressemblances entre les modifications de plantes très dissemblables, cela tenait sans doute à ce que les mêmes causes produisent partout les mêmes effets.

Ces conclusions ont été confirmées et étendues par l'anatomie comparative : j'ai désigné sous ce nom la partie de la science où l'on confronte les organes d'une même espèce poussant en milieux différents; mes études se sont d'ailleurs étendues aux trois organes végétatifs de la plante et à trois milieux différents (aérien, aquatique, souterrain) (2). Elles sont d'ailleurs en complet accord

---

(1) COSTANTIN. *Annal. des Sc. nat.*, 6e série, t. XVI, p. 1 à 170 (8 planches).

(2) COSTANTIN (*Bull. de la Soc. bot.*, XXX, p. 230). -- Recherches sur la tige des plantes aquatiques (*Annales des Sc. nat.*, t. XIX, p. 286·

avec les données que fournit l'anatomie comparée d'espèces différentes vivant en milieux dissemblables.

La concordance entre toutes ces données est tout à fait remarquable et elle montre surabondamment que les trois méthodes de recherches à l'aide desquelles on pouvait aborder l'action du milieu étaient légitimes. L'anatomie comparée des plantes végétant dans des conditions différentes d'existence acquérait ainsi un sens qui n'avait pas échappé aux anatomistes du milieu du xixe siècle, mais qu'ils n'avaient pas osé affirmer sans restriction. On se rend très bien compte de cet état d'esprit en parcourant les ouvrages d'Ad. Chatin et d'autres auteurs, qui ont fait des recherches si étendues d'anatomie comparée. On sent parfaitement que la conclusion qu'ils étaient tentés de tirer était au bout de leur plume, mais ils ont hésité devant la gravité de la déduction. L'expérience pouvait seule permettre d'affirmer avec certitude que le milieu a une immense influence sur les êtres vivants, que son action se retrouve chez toutes les plantes et pour tous les organes.

Le cas de l'épiderme des feuilles aquatiques et de ses variations a été particulièrement difficile à débrouiller. M. Weiss, qui avait fait une étude approfondie de la répartition des stomates sur les feuilles des plantes aériennes et aquatiques, ayait cru devoir en conclure que la terre, l'air, l'eau, l'obscurité et la lumière n'ont aucune influence sur les stomates. M. Mer concluait, à la suite de recherches prolongées, que les stomates « sont doués d'une remarquable résistance au milieu ». L'expérience m'a permis d'élucider encore cette question et les deux cas suivants m'ont paru tout à fait propices pour y parvenir.

Quand l'*Hippuris vulgaris* est submergé, ses feuilles sont minces, longues, flexueuses. Dès que la tige sort de l'eau, le changement est aussi brusque que complet : les feuilles nouvellement

---

33r, 4 planches). — Recherches sur l'influence qu'exerce le milieu sur la struct. des racines (*Annales des Sc. nat.*, 7e série, t. I, p. 135-182, 4 planches). — Observations critiq. sur l'épid. des feuilles des végét. (*Bull. de la Soc. bot.*, t. XXXII, p. 83). — Recherch. sur la Sagittaire (*Bull. de la Soc. bot.*, t. XXXII, p. 218). — Infl. du milieu aquat. sur les stomates (*Bull. de la Soc. bot.*, t. XXXII, p. 259). — Sur la struct. des feuilles du *Nymphaea rubra* et du *Nuphar luteum* (*Bull. de la Soc. bot.*, t. XXXII, sess. extraord., p. xv). — Études sur les feuilles des plantes aquatiques (*Annales des Sc. nat.*, 7e série, t. III, p. 94-162 avec 4 planches).

produites dans l'air sont courtes, charnues et épaisses. Les
variations de structure de ces feuilles sont immédiates et correspondent au changement de milieu : en particulier, les stomates y
sont très nombreux tandis qu'ils manquent complètement sur
les feuilles submergées. En immergeant des pousses aériennes
de la même plante, j'ai obtenu une métamorphose inverse.

Avec le *Stratiotes aloides*, l'action du milieu aérien est évi-
dente pour une même feuille qui était au début aquatique : dès
que la pointe sort de l'eau les stomates apparaissent à l'extrémité.

Les effets de la vie submergée n'existent pas seulement pour
les plantes amphibies, on les retrouve pour des plantes terrestres
comme les *Rubus*, les Épilobes, mais ici les transformations sont
moins profondes. Ce cas est extrêmement intéressant car il
prouve que l'adaptation ne se fait pas au même degré pour les
diverses plantes.

Dans ces premières études, que je viens de rappeler briève-
ment, je me suis contenté d'exposer les faits sans aucune consi-
dération philosophique. Depuis l'époque de la publication de
mes recherches (1883-1886), le nombre des travaux sur les
problèmes variés de l'adaptation se sont extrêmement multipliés,
grâce aux nombreux efforts de M. Bonnier et de ses élèves et
grâce aux recherches d'un certain nombre de savants allemands
et hollandais, parmi lesquels on peut citer surtout MM. Treub,
Schenck, Schimper, Gœbel, etc.. Aussi, ai-je cru devoir, en
1897, revenir sur ces questions, pour tâcher de déduire de
l'immense accumulation des faits relatifs à l'action des facteurs
cosmiques et des conditions de vie, un certain nombre de conclusions qui me paraissaient extrêmement importantes et qui n'a-
vaient pas été tirées avec assez de précision (1).

Le transformisme repose-t-il sur des preuves directes et expérimentales? Pour examiner cette question, j'ai considéré les
connaissances acquises sur la flore arctique et sur la flore tropicale dont j'ai essayé de démêler les caractères fondamentaux
afin d'en discerner l'origine.

---

(1) Costantin. Accommodat. des plantes aux climats froid et chaud
(*Bull. scientif. de la France et de la Belgique*, 4ᵉ série, t. IX, p. 489 à 511)
— Les végétaux et les milieux cosmiques (*Biblioth. scient. internat.*, un
vol. de 292 p., 1898).—La nature tropicale (*Biblioth. scient. internat.*, un
vol. de 305 p., 1900).

Un climat chaud ou même simplement uniforme tend à produire des plantes ligneuses : c'est ce qui explique l'énorme proportion d'arbres des îles océaniques, où des Violacées, des Seneçons, etc., sont des végétaux de haute taille, arborescents.

C'est également à un climat chaud et uniformément humide qu'il faut attribuer la persistance des feuilles dans les régions tropicales : cela résulte des observations très nombreuses de Kerner, Drude, Massart, Hoffmann, etc.

Grâce aux recherches de MM. Bonnier, Flahault et Hildebrandt, on sait qu'une espèce annuelle peut se transformer en pays froid en une espèce bisannuelle et celle-ci en une espèce vivace. A mesure que l'on se rapproche des pôles, la proportion des espèces vivaces va en croissant uniformément, tandis que celle des espèces annuelles diminue, au contraire, d'une manière aussi régulière.

Les expériences de Schübeler, Monnier, Metzger, de Vilmorin, établissent, en outre, que, sous l'influence d'un changement de climat, on peut modifier la durée d'existence des plantes et que ces caractères nouveaux deviennent héréditaires.

Les résultats précédents s'appliquent aux plantes sauvages d'après les travaux de MM. Murbeck et Wettstein.

L'étude de la floraison nous conduit à des résultats aussi saisissants. Grâce aux études de Tomaschek, Sachs, de Candolle, Ihne, Flahault, Tschaplowitz, Hoffmann, etc., nous arrivons à cette conclusion que si la floraison est printanière au pôle, si elle est indéfinie à l'équateur, c'est le climat qui en est la cause.

Ainsi nous voyons donc, par l'ensemble de cette étude, que le climat froid rend d'abord la plante *bisannuelle* et sa floraison *printanière*. Mais plus on s'élève vers le nord, plus le climat devient rigoureux et l'espèce devient *vivace*, et en même temps le végétal devient *nain* (expériences de M. Bonnier).

Dans les régions chaudes, au contraire, l'herbe annuelle sera transformée en un *arbre toujours vert à floraison indéfinie*, parce que son feuillage sera devenu *persistant*.

Jusqu'ici, toutes les variations que nous avons mentionnées, malgré leur importance, peuvent être considérées comme donnant naissance à de simples *variétés*, c'est-à-dire à des métamorphoses éphémères et sans importance. Mais la culture dans les régions froides amène un commencement de fixation de ces caractères nouvellement acquis. Les variétés peuvent donc se transformer en *races*.

Ces races déjà fixées depuis de nombreuses générations peuvent d'ailleurs se rencontrer dans la nature. Elles correspondent à ces formes stables (petites espèces jordaniennes d'après M. Mürbeck) qu'une étude attentive amène à distinguer dans une même espèce linnéenne. Cette remarque nous amène à faire un pas de plus : nous sommes autorisés à dire que les espèces linnéennes de la flore polaire ont dû naître de la même façon que les espèces jordaniennes de Murbeck et de Wettstein, car ce sont des caractères semblables qui les différencient. Notre conclusion, appuyée sur des preuves expérimentales et des observations continues, est donc que si *toutes les plantes arctiques ou alpines sont vivaces, c'est parce qu'elles vivent dans les climats froids* (1).

Applications agronomiques. — Il est bien évident que les transformations profondes qui se trouvent ainsi prouvées n'ont pas seulement un intérêt théorique ; des résultats d'une telle portée générale sont destinés à avoir des applications pratiques considérables, car ils contribueront à orienter l'agronome dans ses recherches.

Lorsque l'agronome norvégien Schübeler (2) eut l'idée de semer dans le Nord de la presqu'île scandinave des graines de céréales récoltées dans l'Allemagne du Sud, il tentait une expérience au hasard. L'ensemble des données que nous possédons maintenant nous permet de saisir quelles modifications il devait obtenir : il devait agir sur la durée de la vie. L'essai a d'ailleurs parfaitement vérifié ce résultat : au bout de cinq années la durée de la période de végétation, qui était de 120 jours en Allemagne, était réduite à 70 jours en Scandinavie. Ayant expédié les graines des Céréales ainsi récoltées de nouveau en Wurtemberg, on constata que la propriété nouvellement acquise se maintenait.

Une pareille modification d'un végétal de grande culture peut avoir, on le conçoit aisément, une importance pratique indiscutable, car pour des raisons variées l'agriculteur peut désirer récolter plus vite.

Mais une autre propriété rend précieuses les variétés montagnardes ainsi produites à volonté : leurs graines sont devenues plus lourdes, de sorte qu'en un temps plus court le cultivateur peut avoir une récolte plus forte.

---

(1) J'ai donné l'ensemble détaillé des preuves de tous ces points dans mon ouvrage sur les « Végétaux et les milieux cosmiques », p. 18 à 98.

(2) Schübeler. *Die Pflanzenwelt Norwegens*, I, 1873, p. 52.

Les faits annoncés par Schübeler avaient un tel intérêt agricole qu'ils ont suscité partout des recherches de contrôle ; parmi elles, on peut citer surtout celles de M. Petermann (1) qui ont confirmé et pleinement consacré ces résultats. A l'heure actuelle, les graines employées dans les grandes cultures de Lin sont récoltées dans les régions froides et cette pratique tend à se vulgariser de plus en plus pour diverses espèces ; on l'applique en Suède, en Autriche-Hongrie, etc.

L'Orge, à qui il faut 117 jours pour mûrir dans le midi de la Norvège (54°,47 lat.), par 11°,7 de température moyenne de mai à août, n'emploie plus que 101 jours à Bodö (67°,17), avec une température moyenne de 9°,7 pour achever sa maturation ; 98 jours suffisent à Strand (68°,46) ; 76 jours à Syd-Varanger (76°). Cette accélération est due sans doute, pour la plus grande partie, à la clarté des nuits polaires ; mais, ce qui nous importe surtout, cette précocité est héréditaire et se conserve pendant trois ou quatre générations quand le semis est fait dans un lieu plus méridional. De l'Orge provenant d'Alten, au nord de la Norvège, à 70° de latitude nord, n'a demandé que 55 jours pour mûrir à Christiania, par une température moyenne de 14°,1, depuis le moment des semailles jusqu'à celui de la maturité complète ; alors que la durée normale, de la végétation de cette espèce, pour Christiania, est de 85 à 90 jours. Il s'est ainsi formé une race physiologique, selon le mot de A. de Candolle (2). Ce savant a d'ailleurs vérifié ces résultats. Wittmack a constaté de même que le Blé d'été (*Triticum vulgare ferrugineum*) provenant originellement de Stockholm et cultivé deux ans, à Urnea, en Suède (64°), y a mûri en 90 jours en moyenne. Transporté plus au Sud, à Zubikowo, en Posnanie, il n'y a mis que 91 jours à mûrir, alors qu'une variété analogue, mais issue de graines récoltées en Allemagne, employait en cet endroit 11 jours de plus pour terminer sa végétation (3).

On voit, en somme, que les expériences de Schübeler conduisent à la découverte d'une méthode générale de création de variétés agricoles ; d'ailleurs elle n'est vraisemblablement pas des-

---

(1) PETERMANN (*Mém. de l'Acad. Royale de Belgiq.*, 1877).

(2) DE CANDOLLE (*C. R. de l'Acad. des Sc.*, 7 juin 1875. — *Arch. des Sc. phys. et nat. de Genève*, 15 janv. 1878).

(3) WITTMACK (*Bot. Zeit.*, 1876, p. 823. — *Landwirt. Jahrbücher*, t. V).

tinée à s'appliquer seulement aux plantes cultivées de l'Europe
centrale, il est probable qu'elle donnera de bons résultats si on
l'étend aux plantes des régions chaudes. Il ne faudra pas évidemment les transporter dans les zones polaires où elles ne vivront
pas, mais il est à supposer que celles qui s'accommoderont aux
zones tempérées ou subtropicales ne s'y maintiendront pas sans
de notables changements dont quelques-uns se conserveront certainement dans la patrie primitive.

Plantes tropicales. — Les expériences de Metzger sur le Maïs,
originaire d'Amérique, sont déjà très instructives à cet égard.
Quant aux races de Riz, la Céréale tropicale par excellence, dont
la durée de végétation est si courte qu'on peut faire trois récoltes
en une année, il y a tout lieu de penser, d'après ce que nous
venons de dire, qu'elles sont nées dans les pays à saison plus
rigoureuse. Il y a tout lieu de penser également que la culture
des plantes tropicales pourra tirer de notables bénéfices des essais
d'acclimatations tentés même dans les serres d'Europe. L'importance de cette conception nouvelle doit résulter, selon moi, des
liens intimes qui existent entre l'acclimatation et l'hérédité
acquise (1).

Autres facteurs. — Il est essentiel d'ajouter que la création des
variétés dont la formation est abandonnée jusqu'ici au hasard
n'est pas seulement liée aux changements de climat et surtout de
température : d'autres facteurs, la lumière notamment, doivent
certainement intervenir dans la naissance de certaines races. J'ai
insisté ailleurs (2) sur le rôle prépondérant de l'agent lumineux
dans la formation des caractères des plantes grimpantes. Cette
remarque m'induit à penser que, guidé par elle, M. Tracy (3)
aurait pu déduire de l'observation suivante des conséquences
intéressantes. Ce botaniste rapporte qu'il trouva, en 1883, une
forme naine non grimpante dans une plantation de *Phaseolus
lunatus* volubiles; grâce à la sélection, il en tira une variété
naine fixée. En 1884, dans une localité différente, il a retrouvé
deux autres formes naines de la même espèce dont le nanisme

---

(1) Inversement l'acclimatation des arbres fruitiers d'Europe ou du
Japon (Poirier, Diopyros Kaki, etc.), à Java, permet d'observer déjà des
faits très intéressants dont on pourra tirer parti (Nature tropic., p. 53. —
Végét. et mil. cosmiq., p. 66 et 67).
(2) Nat. tropic., p. 84 à 138.
(3) *American Naturalist*, XXIX, p. 485.

était également héréditaire. Ces deux faits paraissent, à première vue, devoir être interprétés comme impliquant l'apparition spontanée d'une propriété jusque-là cachée. Mais, pour qui connaît l'ensemble des caractères biologiques des lianes, tout fait penser que ces individus nains ont dû être soumis à des conditions spéciales d'éclairement. Il est à regretter que l'attention de M. Tracy n'ait pas été attirée sur ces conceptions. Il a noté, au cours de dix années d'observations, sur une surface de 4 000 acres plantés en Concombres, que certaines variations se sont reproduites pendant une ou deux saisons pour disparaître ensuite complètement. Il a constaté, en outre, que lorsqu'un type particulier de variation est commun dans une saison, on le retrouve chez toutes les variétés de l'espèce. Cette remarque est très intéressante parce qu'elle prouve manifestement qu'un facteur identique a agi d'une manière uniforme sur tous les types de l'espèce soumise aux observations.

CHAPITRE VI

ORIGINE ET PROGRÈS DE LA SÉLECTION ARTIFICIELLE

(*L'art de l'élevage.*)

Les derniers exemples que nous venons de citer à la fin du chapitre précédent sont très suggestifs, ils nous font très bien comprendre ce qu'il y a d'insuffisant dans la conception de ceux qui prétendent attribuer à la sélection seule un rôle exclusif dans l'évolution des êtres.

Romanes a insisté sur cette « erreur importante » généralement commise par les disciples de Darwin. Selon M. Weismann et ses partisans, la variation a seulement sa cause dans l'œuf et dans le mélange des plasmas mâle et femelle. Ces deux plasmas très voisins ne peuvent produire que des variations très faibles; elles s'opèrent d'ailleurs au hasard et dans toutes les directions.

Cette théorie est absolument incompatible avec une foule de faits ; elle est impuissante notamment à expliquer les variations suivant des lignes définies. Or de telles variations s'observent très communément.

L'examen du problème de la sélection mérite de nous arrêter un moment, car son intérêt n'est pas seulement théorique: l'art de l'élevage qui s'y rattache présente une importance économique énorme, et on ne saurait projeter trop de lumière sur cette question essentielle. Si les théories weismanniennes sont inexactes, on ne saurait l'affirmer trop hautement, car elles pourraient avoir les plus fâcheuses conséquences au point de vue agricole. Les transformations sont heureusement lentes en agronomie et les conceptions nouvelles n'ont jusqu'ici rencontré que l'indifférence et l'insouciance des praticiens : il ne semble pas, dit M. Brewer (1). un agronome américain distingué, que « pen-

---

(1) Brewer (*Agricultural Science*, 1892).

dant ces dix dernières années » on ait à signaler « la conversion d'un seul éleveur connu » aux opinions des néo-darwiniens.

Suivons M. Cope dans son étude sur les progrès du Cheval de course depuis le commencement de ce siècle (1). En 1796, Lawrence, dans son traité sur le Cheval, disait que le meilleur trotteur anglais mettait trois minutes à faire un mille. Avec le XIXᵉ siècle, commença l'entraînement en vue des courses et, en 1824, la même distance était parcourue par les Chevaux les plus rapides en 2 minutes 34 secondes. En un quart de siècle, il y avait donc eu un accroissement de vitesse déjà très appréciable de 26 secondes. A quoi était due cette supériorité des coureurs ? On peut admettre, sans aucune difficulté, que la sélection habile y a eu la plus grande part, que, grâce à cette méthode, l'hérédité des tendances de certains individus a pu être mise en lumière et c'est ainsi que ces progrès très notables de la vitesse ont été réalisés en si peu d'années. Mais est-on en droit de dire que l'entraînement des Chevaux n'a joué aucun rôle ? Les courses ne servent-elles qu'à permettre de discerner les individus les plus rapides ? Ne contribuent-elles pas, grâce à l'entraînement, à l'affermissement des muscles qui permettent à l'animal de bondir, de sauter les obstacles, d'allonger son trot, de régler sa respiration pour un violent effort, d'alléger son poids par la fatigue, d'affermir sa souplesse par l'usage ? Cela ne semble-t-il pas résulter clairement du gain de la vitesse qui a été cumulatif depuis 1824. comme on peut s'en assurer par le tableau suivant :

TEMPS MINIMUM POUR FAIRE 1 MILLE ANGLAIS

1796	3'
1824..	2'34"
1848..	2'29"5
1896	2' 8"1/4

Rien ne peut faire supposer qu'ici l'exercice de la fonction n'a pas été un facteur de l'évolution. Ce qui manifeste également ce résultat, c'est qu'en 1848 on comptait 2 ou 3 chevaux ayant parcouru un mille en 2'30", tandis qu'aujourd'hui il y en a

____

(1) Darwin a dit : « On dresse un Cheval à certaines allures, et le poulain hérite de mouvements coordonnés similaires. » (*Variat. Anim et Pl.*, t. II). — Voir COPE. *Loc. cit.*, p. 428.

5 908. A l'heure actuelle, 507 chevaux ont atteint la vitesse de 2′20″ et 7 la vitesse de 2′10.

Si l'entraînement n'est pas utile, à quoi bon s'y livrer? Il devrait suffire d'amener les Chevaux sur le champ de course et on distinguerait par la lutte les meilleurs coureurs. Quel est l'éleveur qui voudrait adopter une pareille méthode? Comment lui faire admettre que tous ses efforts sont inutiles? que celui qui doit gagner le prix est toujours désigné d'avance et qu'à l'état d'œuf tout était déjà décidé pour le vainqueur futur? Comment se fait-il qu'en appariant deux coureurs de vitesse égale à 2′30″, par exemple, on puisse avoir dans la descendance une vitesse de 2′20″? Le fils a donc quelque chose que ne possédaient pas les parents? D'où cela lui vient-il? Quelle est l'origine de ce mystérieux progrès régulier que les chiffres précédents permettent de constater? Pourquoi, malgré tous les efforts de l'homme, n'y a-t-il pas des périodes de recul? Puisque comme on le prétend, c'est le hasard qui règle la variation, il devrait en être ainsi. L'homme continue à sélectionner, répondra-t-on; oui, mais pourquoi ses efforts ne sont-ils pas vains? Comment faire admettre que l'entraînement n'a pas de rôle et qu'en perfectionnant les caractères anatomiques des parents au point de vue de la course, l'éleveur n'a pas eu d'action sur la descendance?

M. Weismann dit (p. 326) que d'après les observations des éleveurs « si la même partie du corps est fortement développée chez les deux parents, *elle tendra à se développer encore davantage chez les enfants.* » Mais d'où vient cette hérédité surnuméraire? C'est évidemment quelque chose de nouveau, puisqu'elle n'existait pas chez les parents.

M. Llyod Morgan (1) a affirmé, au sujet du trotteur américain dont nous venons de parler, que les grands progrès qui ont été constatés depuis 1848 (que M. Cope attribue à l'influence des variations héréditaires déjà accumulées à cette époque) sont dus à un étalon exceptionnel dont les descendants ont été fort nombreux. Ces résultats seraient bien connus des éleveurs qui n'auraient d'ailleurs jamais remarqué que des Chevaux soumis à un entraînement actif aient donné des produits supérieurs à ceux des autres (qui sont d'ailleurs également entraînés, ne l'oublions pas).

---

(1) *Nature*, 1897, t. 56, 126.

Cette objection mérite de nous retenir un instant. Dans un travail que nous allons discuter un peu plus loin, M. Weismann (1) raconte qu'il demanda un jour à un habile éleveur de Pigeons de Londres (Tegetmeier) s'il croyait que, par la sélection artificielle, un caractère pouvait être accru. Après avoir réfléchi longuement, ce praticien lui répondit : « Nous ne pouvons certes rien faire si la variation que nous désirons ne se présente pas à nous, mais si elle est une fois là, je crois que l'accroissement réussit aussi. » Si aucun Coq n'avait eu une queue à plumes dépassant la longueur ordinaire, jamais les Japonais n'auraient pu obtenir d'animaux appartenant à la célèbre race de Coqs du Japon dont les plumes de la queue ont six pieds de long. Une fois la variation ébauchée dans une certaine direction, d'après l'éleveur anglais, les sélecteurs habiles de l'Extrême-Orient pouvaient accroître l'appendice caudal dans les proportions extraordinaires.

Ne doit-on pas admettre, d'après cela, puisque le praticien est si impuissant tant qu'il a seulement en main la sélection, c'est qu'un autre facteur entre en jeu sans qu'il s'en doute. Aujourd'hui, M. Weismann admet que ce facteur qu'il n'avait pas discerné jusqu'ici est la sélection germinale ; mais ne peut-on pas supposer plus volontiers que c'est souvent un procédé de culture dont l'éleveur ne se rend pas toujours compte qui le conduit au succès, ou bien un tour de main qui lui avait jusque-là manqué, ou encore une alimentation qu'il n'avait pas encore essayée.

La nutrition a-t-elle une réelle importance pour l'obtention de certaines races ? Au siècle dernier, c'était une maxime parmi les éleveurs que pour la boucherie « la nourriture est plus importante que la race » ; si, à l'heure actuelle, les praticiens sont revenus un peu sur cette opinion, aucun ne prétend que la race puisse être maintenue avec une taille extraordinaire par la sélection seule (2). « Les éleveurs reconnaissent, dit Brewer, la règle établie par Darwin que ces caractères sont transmis avec d'autant plus de persistance qu'on a opéré avec une plus longue série d'ancêtres. »

Inversement, certaines races délicates ne sont maintenues que grâce à une faible nourriture, c'est ce qui a été constaté pour

---

(1) *Select. germinale* (voir chap. IX).
(2) Cope, p. 422. Voir Brewer (*Agricultural Science*, 1892-1893).

les vaches de parc d'Alderney. Les pratiques suivies par les éleveurs étaient si exagérées, dans ce cas, que l'on a vu intervenir
une société protectrice des animaux afin de faire interdire le ra-
tionnement excessif de ces bestiaux.

Voilà évidemment des exemples où les conditions opératoires
de l'éleveur étaient bien définies et leur efficacité reconnue. Mais
il n'en est pas toujours ainsi. Fréquemment l'horticulteur ou
l'éleveur ne se rendent pas bien compte de la méthode qu'ils
suivent ; ils croient n'effectuer que le triage des individus favorables et bien doués, en réalité ils font autre chose bien souvent
sans le savoir.

Lorsqu'on examine l'ensemble des variations de tous les individus d'une région, on voit, d'après les recherches de M. Galton,
M. Weldon et de beaucoup d'autres savants, qu'elles se font autour d'un type moyen représentant la forme normale de l'espèce.
Les courbes de M. Galton sont, on le sait, paraboliques. M. Thiselton Dyer a émis, sur cette oscillation des êtres autour d'une sorte de
point d'équilibre, des idées assez intéressantes. Il croit d'abord
que l'influence du milieu est dominante et, tant que le milieu
reste stable, l'espèce demeure fixe (1). Il reconnaît que si le milieu change, il s'opère, par contre, un déplacement du centre
de stabilité spécifique. Dans ce cas, on a ces courbes galtoniennes à double sommet qui ont été si bien étudiées par M. de
Vries (2). Lorsqu'il s'agit d'individus monstrueux, à tiges fasciés
par exemple, un premier sommet de la courbe correspond aux individus normaux, un second maximum aux individus fasciés. Or,
en modifiant l'alimentation, on change la courbe et on élève le
tant pour cent d'individus monstrueux.

Ces expériences expliquent très bien la réponse de l'éleveur
londonnien interrogé par M. Weismann. Tant qu'il n'a pas
ébranlé l'équilibre spécifique, les efforts du praticien sont vains ;
mais si, par un heureux hasard, il a placé le végétal dans les conditions nutritives favorables pour l'apparition de l'anomalie,
alors la sélection peut réussir et il peut perfectionner et accroître

---

(1) THISELTON DYER. Variat and specific Stability (*Nature*, LI, p 459).
Il cite un exemple frappant de la merveilleuse stabilité de l'espèce : l'étalon
du Grain-Troy et du Penny weight est le poids d'un nombre donné de
graines de Céréales, poids qui n'a pas changé de 1780 à 1890.

(2) DE VRIES. Sur les courbes galtoniennes des monstruosités (*Bull.
scientif. fr. et belge*, XXVII, p. 396).

la variation dans des proportions invraisemblables, comme dans
le cas du Coq de Corée, parce que c'est toujours la même cause
qui agit. La variation acquise étant héréditaire se transmet à
chaque génération ; la cause déterminante de la variation initiale
étant maintenue, l'anomalie peut s'exagérer pendant les générations suivantes. Il y a évidemment des éleveurs médiocres et
d'autres plus habiles, dont le doigté tient certainement à des
procédés tels que celui de M. de Vries. D'ailleurs il est bien
certain, même lorsqu'il s'agit de praticiens très expérimentés,
que la particularité essentielle de la méthode, le procédé décisif
restent souvent imprécisés : c'est ce qui explique l'indécision de leurs
opinions. Mais c'est une erreur de croire que la sélection seule
peut créer quelque chose (1).

D'ailleurs deux exemples le prouvent nettement. Dans ses expériences sur le *Crepis biennis*, M. de Vries a vu un moment le
nombre des individus monstrueux s'abaisser de 40 pour 100 à
24 pour 100 : la malformation a même fait complètement défaut
pendant une génération. L'auteur, dont personne ne saurait discuter la grande habileté, était impuissant parce que la sélection
seule, même appliquée avec la plus parfaite rigueur, n'engendre
rien. Dire, comme le fait M. Goebel (2), que dans ce cas la
force héréditaire diminue, c'est mal dissimuler son ignorance.
En fait, M. de Vries a fini par découvrir qu'en ajoutant un aliment azoté le phénomène de métamorphose reprenait sa marche
progressive.

Une autre recherche récente de M. de Vries mérite également
de fixer notre attention. Depuis 1886, il cultive dans son jardin
d'expériences d'Amsterdam l'*Œnothera Lamarckiana*. Or, en
1895, il a vu apparaître un individu anormal qui se distingue
de la forme typique par un grand nombre de caractères : les
feuilles radicales sont plus larges, leur pétiole plus long, la forme
générale différente ; les tiges sont plus grosses, les entre-nœuds

---

(1) M. Cuénot a écrit cependant tout récemment « qu'il serait très
imprudent d'exagérer, comme le fait actuellement l'école des néo-lamarckiens américains et français, la part qui revient aux influences extérieures
dans la formation des espèces ; si *quelques traits* d'organisation, d'*une importance secondaire*, quelques détails de forme et de couleur peuvent être
déterminés par le milieu, le principal rôle revient, comme le pensent les
Darwinistes purs, à la sélection naturelle » (Influence du milieu sur les
animaux, *Encyclop. des aide-mémoire Léauté*).

(2) *Science progress.*, I, p. 84.

plus courts, plus nombreux : les inflorescences sont plus robustes, à fleurs plus grandes et plus nombreuses ; les fruits sont plus courts et épais et les graines plus volumineuses.

Or, au début, tous ces caractères ont fait leur apparition dans *un individu*. M. de Vries féconda ses fleurs à l'aide de leur propre pollen, en ayant pris soin d'envelopper les boutons floraux d'un sac de parchemin transparent. Il récolta ainsi des graines pures en 1896.

En 1897, sur environ 450 pieds issus de ces graines, il a obtenu la même forme qu'il désigne sous le nom d'*OEnothera gigas* et cela *sans exception*. La nouvelle espèce est donc constante dès la première génération sans trace d'atavisme et elle est restée telle dans les trois générations suivantes 1898, 1899 et 1900.

« La production de l'*OEnothera gigas* a donc été subite, sans intermédiaire et sans préparation visible, comme elle a été définitive, avec la plénitude de ses caractères et sans aucun retour au type primitif. »

Ces résultats, on le voit, sont extrêmement remarquables ; on déduit très nettement qu'il ne s'agit pas ici d'attribuer un rôle à la sélection, puisqu'elle n'est pas intervenue. Il est donc démontré sans aucune restriction qu'il peut y avoir création d'une forme sans l'intervention du processus sélectif de Darwin et de Wiesmann.

Nous venons de nous servir du mot de création, c'est qu'en effet les phénomènes tels que M. de Vries les décrit méritent presque ce nom. L'espèce paraît tomber on ne sait d'où, comme par l'intervention d'un coup de baguette magique et mystérieuse. Le savant hollandais remarque que « l'observation décrite donne une preuve expérimentale des idées émises sur la naissance des espèces dans son livre sur la *Pangénèse intracellulaire* ». Nous sommes moins satisfaits que l'auteur de cette hypothèse une telle création inexpliquée nous apparaît comme une question posée et non résolue (voisine d'ailleurs des conceptions de M. Weismann) ; il est à souhaiter que l'éminent botaniste fasse une étude approfondie des caractères de ces individus nouveaux et étranges pour tâcher de découvrir le pourquoi de leur origine.

D'ailleurs un examen attentif des résultats complets qu'il

---

(1) H. DE VRIES. Sur l'origine expérimentale d'une nouvelle espèce végétale (*C. R. Acad. Sc.*, 1890, 9 juillet).

donne de la mutabilité de l'*OEnothera Lamarckiana* pourront
peut-être lui donner l'éveil. Cette espèce a « produit constamment des formes nouvelles. La plupart sont incapables d'un
développement normal et périssent bientôt sans arriver à produire des graines : d'autres sont complètement stériles ». Cependant 7 formes anomales se sont reproduites et, parmi elles,
outre l'*OE. gigas,* « l'*OE. lata* (1) rendue femelle par l'avortement
complet du pollen (accompagné d'un développement anormal
de la couche cellulaire interne de la paroi des anthères) ».
N'est-on pas tenté de penser en lisant cette description que l'on
a affaire à une monstruosité due à une influence extérieure comme
celle d'un parasite par exemple. Si cette remarque est vraie nous
croyons qu'on ne peut pas dire que « les nouveaux caractères
apparaissent sans direction aucune, comme le veut le grand
principe darwinien de l'évolution ». L'intervention du hasard
dans la variation est une manière de voir contre laquelle nous
nous révoltons et nous affirmons sans hésiter qu'il n'y a jamais
génération spontanée d'une espèce sans cause et sans orientation.
M. Hugo de Vries vient d'ailleurs, dans un travail très intéressant sur l'*Olthonia*, de prouver que cette plante se modifie
profondément par l'action du milieu. Ces résultats nous font
prévoir pour l'avenir une série de découvertes d'une grande
importance de la part de ce savant remarquable par l'originalité
de ses conceptions théoriques quelquefois hasardées il est vrai,
mais surtout éminent par la rigueur expérimentale de ses travaux.

---

(1) Hugo de Vries. Sur la mutabilité de l'OEnothera Lamarckiana
(*C. R. de l'Acad. des Sc.*, oct. 1900).

CHAPITRE VII

QUELQUES OBJECTIONS A L'ACTION DU MILIEU

Il me paraît indispensable d'examiner maintenant quelques objections spécieuses qui ont été faites de divers côtés à l'action héréditaire du milieu.

I. Les espèces jordaniennes habitent les mêmes lieux. — Tout récemment, après avoir mentionné l'ensemble des preuves qui montrent que les caractères généraux des plantes polaires sont dus au climat froid, arguments signalés par moi dans mon livre sur les « Végétaux et les milieux cosmiques », M. Cuénot ajoutait que ce ne sont pas, selon lui, les cas les plus intéressants à expliquer : ce qui importe surtout « c'est, disait-il, de rendre compte de la formation des espèces qui ne changent pas de milieu et qui se maintiennent côte à côte comme l'*Anagallis arvensis* et *cœrulea* parmi les plantes (1) ». Contrairement à cet auteur, je crois que l'on doit surtout qualifier d'important ce qui est général et il est à souhaiter que ce même savant puisse parvenir à déduire de son livre, très intéressant d'ailleurs, sur « l'influence du milieu sur les animaux (2) », quelques idées d'ensemble pour relier les faits nombreux et épars qui s'y trouvent exposés.

Quoi qu'il en soit, une remarque analogue à la sienne a été faite, il y a longtemps déjà, par Jordan (3) avec beaucoup de force et il avait cru même trouver là un argument décisif contre le trans-

---

(1) *Année biol.*, 1897, p. 498. — M. Sauvageau a fait une objection analogue à propos de l'*Althenia filiformis* et *Barrandonii* (*Ann. Sc. nat.*, 1891, 7ᵉ série, XIII, p. 121).

(2) *Encyclop. des aide-mémoire Léauté*.

(3) JORDAN. Remarq. sur le fait de l'exist. en société et à l'état sauvage d'espèces végétales affines (*Congrès de l'Assoc. franç.*, 1873, Lyon).

formisme. « L'*Alyssum pyrenaicum*, disait-il, est une des plantes les plus rares d'Europe, car elle n'a été rencontrée jusqu'ici, avec certitude, que sur un seul et unique rocher inaccessible, dans les Pyrénées-Orientales, où on ne peut l'atteindre qu'avec de grands frais et de grands efforts, au moyen de cordes et d'échelles, en exposant sa vie. » Or, d'après Jordan, en ce point unique l'*Alyssum* présente deux petites espèces parfaitement stables, qui doivent être découpées dans le stirpe linnéen *pyrenaicum*.

Jordan déduisait de cette remarque une conséquence très importante, c'est que les petites espèces sont *sociales et non stationnelles*. Il en concluait hardiment que les 200 espèces qu'il avait cru devoir distinguer dans le stirpe linnéen *Draba verna*, n'avaient rien à voir avec les conditions de vie. Il s'élevait avec énergie contre ceux qui soutiennent que « ces formes qu'ils n'ont jamais étudiées sont dues à des causes accidentelles, à *l'influence des milieux*, à des conditions diverses de sol, d'humidité, de climat, d'altitude » ; pour lui, il n'hésitait pas à dire que « le contraire est établi par les faits ».

La science marche à petits pas, chaque jour a son labeur. Nous ne sommes certes point en mesure, à l'heure actuelle, de dire quel est le mode de naissance des 200 espèces de *Draba verna*, mais nous entrevoyons d'une manière sûre l'origine de quelques types de même ordre. J'ai mis nettement ce résultat en lumière, grâce à MM. Murbeck et Wettstein, pour les formes du *Gentiana campestris* : je crois inutile de rappeler les arguments décisifs à cet égard et je renvoie le lecteur à l'ouvrage où ils sont exposés avec détail (1). Il se convaincra avec simplicité et certitude que ces petites espèces sont nées sous l'influence du climat. Une fois formées et devenues stables, les unes annuelles, les autres bisannuelles, elles ont pu quitter le pays qui les avaient vu naître et on ne doit pas s'étonner de les rencontrer aujourd'hui sur un même territoire. Elles sont sociales maintenant, bien qu'ayant été stationnelles autrefois, pour employer le langage un peu barbare de Jordan. Le travail de M. Murbeck, qui a permis d'établir ce fait, a une portée considérable, car il se relie à un nombre immense de faits auxquels M. Murbeck n'avait pas songé, qui tous plaident en faveur de l'action universelle et indéniable du milieu.

____

(1) Végét. et milieux cosmiq., p. 72.

Il y a évidemment des caractères qui ne sont pas encore expliqués et cela se conçoit aisément, car l'anatomie expérimentale est une science toute récente ; mais il faut avouer que les rapports les plus inattendus se manifestent souvent entre certains caractères et le milieu extérieur. Qui, a priori, aurait pu prévoir un lien entre l'atrophie des graines, leur germination difficile et la présence d'un Champignon dans les organes souterrains des Orchidées ? Cependant ce lien paraît incontestable et les belles recherches de M. Noël Bernard (1), agrégé-préparateur à l'École normale, font prévoir une ample moisson de découvertes qui amèneront une profonde révolution en agronomie et en horticulture.

D'ailleurs, il est à remarquer que la donnée signalée par Jordan pour les petites espèces est loin d'être un résultat général ; elle est, en réalité, en opposition avec un grand nombre de faits relatés par les floristes les plus expérimentés et les plus illustres. Hooker a dit dans la Flore de Tasmanie : « Les variétés occupent des territoires plus resserrés que les espèces et les genres ». Le même auteur a remarqué qu'il y a peu d'espèces dans les régions où règnent des conditions uniformes. De même, Wallace et Darwin eux-mêmes ont noté qu'on rencontre rarement dans le même habitat des espèces très voisines du même genre : elles se répartissent plutôt dans des habitats distincts.

Contrairement à certaines idées de Darwin sur la sélection, les variétés nouvelles ne se produisent pas au milieu de parents types, mais à une certaine distance, si l'habitat ne change pas du moins. Hooker a observé, il y a longtemps déjà, qu'en « règle générale les variétés les plus marquées se manifestent sur les confins de l'aire géographique qu'habite une espèce ». De Candole a dit aussi que les plantes qui ont un habitat très étendu présentent généralement des variétés. Ceci est vrai et inexact tout à la fois. C'est faux pour des végétaux comme le *Caltha palustris*, l'*Erica cinerea*, le *Lemna minor*, le *Pteris aquilina*, etc., qui ne végètent que dans un milieu toujours le même. C'est vrai, au contraire, pour le *Polygonum aviculare* qui a des varié-

---

(1) Noël Bernard. Quelq. germinat. difficiles (*Rev. générale de bot.*, 1900). — Sur les tuberculisations précoces chez les végétaux (*C. R. de l'Acad. des Sciences*, 15 oct. 1900). — Sur la tuberculisat. de la Pomme de terre (*C. R. de l'Acad. des Sciences*, 11 févr. 1901).

tés *littorale, maritimum, agrestinum, arenastrum, ruri vagum,* et toutes ces variétés sont évidemment, d'après leur nom même, liées à l'action du milieu (1).

Il faut enfin ajouter que les recherches de Jordan, loin de constituer un obstacle à la théorie de l'évolution, lui fournissent, au contraire, un appui important. Peu de transformistes, même si l'on compte Darwin, ont porté un coup aussi redoutable que Jordan à la notion de l'espèce. Il a vu sans étonnement son *Draba verna* se transformer en 10 espèces après 10 années d'études ; en 50, après 20 ans d'efforts ; en 200, après 30 ans de patientes recherches ; mais il y en a d'autres encore et M. Rosen a signalé de nouveaux types à Strasbourg. Il faut avouer qu'une telle progression dans la pulvérisation de l'espèce aurait pu singulièrement troubler un esprit plus clairvoyant que celui du savant lyonnais. Naegeli, en appliquant pendant trente ans la même méthode au groupe de l'*Hieracium pilosella,* l'a subdivisé en 2 000 espèces. On doit reconnaître que de tels résultats conduisent à la négation de l'espèce (2).

II. Les variations ne se produisent pas à la première génération. — Un savant allemand très distingué, Hoffmann, a fait pendant vingt ans des expériences diverses sur la variation des plantes. Les conclusions de ses études étaient tout à fait en faveur de l'action du milieu et de l'hérédité acquise. La publication des résultats de ces recherches n'a pas été sans embarrasser singulièrement M. Weismann, qui s'est efforcé de démontrer qu'il n'y avait aucune donnée certaine à tirer de ces travaux ; il a exposé dans un mémoire, que je ne puis passer sous silence, « sur les prétendus preuves botaniques de l'hérédité des caractères acquis (3) » ses objections qui doivent être examinées très attentivement.

Hoffmann (4) avait semé des graines en très grand nombre

<hr>

(1) M. Henslow (*Nat. Sc.,* XI, p. 166) remarque également que, si la sélection avait le rôle primordial que certaines personnes lui attribuent, les variétés devraient se produire non à la périphérie de l'habitat, mais au centre, là où la sélection doit être surtout active et il remarque que ce n'est pas, en général, ce qui a lieu.

(2) Costantin. Sur l'évolut. de la notion d'espèce (*Rev. encyclop.* 1897).

(3) Weismann. Hérédité (Trad. franç. de Varigny, p. 513 à 517).

(4) *Bot. Zeit.,* 1887, p. 773 ; *Biolog. Centralbl.,* 1888.

dans des pots très petits, de manière à rendre anormale la nutrition des individus qui levèrent dans ces conditions. Des transformations nombreuses se produisirent dans les fleurs, et un grand nombre d'entre elles s'éloignèrent du type régulier pour former notamment des fleurs doubles. Ces anomalies, une fois nées, ne disparurent pas, elles s'accrurent, au contraire, dans le cours des générations suivantes.

Ces expériences entreprises sans idée préconçue, M. Weismann le reconnaît, amenèrent Hoffmann aux conclusions suivantes : « 1° On peut déterminer par une nutrition insuffisante de notables modifications morphologiques dans les organes sexuels; 2° les caractères acquis par l'individu auxquels Weismann a donné le nom de *temporaires* peuvent être transmis. »

M. Weismann (1) ne disconvient pas que les anomalies ne se soient montrées à la suite des conditions exceptionnelles de nutrition ; mais il affirme que les variations ainsi produites sont blastogènes et non somatogènes. Ce sont des variations héréditaires, mais ce ne sont pas des variations acquises. Où trouvet-il la preuve de ceci? Dans cette remarque que la métamorphose dans aucune de ces nombreuses expériences « ne commença à se produire dans la première génération. »

M. Errera (2), qui pourtant vient de se convertir récemment avec éclat à la doctrine de l'hérédité acquise, explique ce qui se cache sous la dialectique de M. Weismann. M. Errera appelle caractères acquis ceux qui sont *imposés* par les facteurs externes, « qui ne sont pas préformés dans le germe ». Il est cependant d'accord avec le savant naturaliste de Fribourg en Brisgau « pour ne point faire rentrer dans cette catégorie les variations qui se produisent à la longue, sous l'action *indirecte* des conditions ambiantes. Ainsi, lorsque les plantes, après plusieurs générations de culture dans des conditions nouvelles, se mettent à varier *en tous sens* dans leur semis, ces variations partiellement héréditaires ne sont pas un effet direct du milieu sur le végétal, mais un résultat secondaire, indirect, du changement éprouvé par les cellules reproductrices ».

Il est à remarquer que M. Errera insinue, et en cela il interprète bien la pensée de M. Weismann, que la variation a lieu

---

(1) Hérédité (Trad. fr., p. 532).
(2) *Loc. cit.*

dans tous les sens. Évidemment si le milieu intervenait et diri-
geait la métamorphose, elle aurait lieu dans une direction fixe.

En fait, M. Weismann admet comme Naegeli (1) qu'il y a
deux sortes de variations dues à l'action du milieu, les unes directes, s'effectuant dans un sens déterminé; les autres indirectes
s'opérant dans n'importe quel sens. Les premières sont superfi-
cielles et purement éphémères; les autres atteignent l'idioplasma
de Naegeli, le plasma germinatif, et elles sont héréditaires (2).
M. Goebel (3) s'est demandé, il y a déjà quelques années, si
« la distinction que Naegeli établit entre les influences transi-
toires et permanentes peut être prouvée ». Les exemples pris par
Naegeli pour établir sa thèse sont d'ailleurs bien mal choisis, car
ils ne prouvent guère ce qu'il en attend.

Comme métamorphoses éphémères, Naegeli cite les *Hieracium*
alpins qui, transportés dans la plaine, n'ont montré que des variations purement-transitoires. Comme exemple de changements
stables de la deuxième catégorie, il mentionne les adaptations
florales qui seraient dues aux excitations mécaniques des Insectes
qui viennent chercher le nectar.

Or, on ne connaît actuellement aucune expérience démons-
trative et certaine prouvant la réalité de cette dernière action.
Quant aux métamorphoses des plantes alpines, on peut déduire des expériences de M. Bonnier (4) sur les plantes montagnardes une conclusion diamétralement inverse (5) de celle que
propose Naegeli. J'ai déjà rappelé plusieurs fois que le climat
alpin agit profondément sur les plantes dès la première géné-

---

(1) Naegeli. Mecanisch-physiologische Theorie der Abstammungs-
lehre, 1884.

(2) « Les modifications des conditions, dit M. Weismann, ne provo-
quèrent d'abord (dans les expériences d'Hoffmann) que des modifications
invisibles dans l'idioplasma, qui se transmirent d'ailleurs à la génération
suivante. »

(3) Goebel. On the study of adaptations in plants (*Science Progress*,
I, p. 188).

(4) Bonnier. Recherches exp. sur l'adapt. des plantes au climat alpin
(*Annales des Sc. natur.*, 7ᵉ série, t. 20). La démonstration de l'action
progressive et héréditaire du climat est particulièrement nette pour le
Teucrium (p. 355).

(5) MM. Delage et Poirault prétendent cependant (*Année Biologique*)
que M. Bonnier n'a fait que vérifier ce que « Naegeli avait surabondamment prouvé ».

Costantin.   4

ration, et que les variations ainsi produites sont justement celles
qui sont devenues héréditaires chez presque tous les végétaux
alpins et chez *toutes* les plantes polaires. Ici la variation éphémère a lieu dans un sens qui est le même que celui dans lequel
s'est opérée la variation permanente et héréditaire : les deux
modifications sont rigoureusement parallèles.

Ces résultats ont été établis dans les conditions expérimentales
que réclamait plus haut M. Coutagne, de telle façon qu'on ne
puisse pas douter que les caractères nouveaux sont bien acquis
et en second lieu de manière qu'on puisse prouver que les mêmes
caractères sont bien devenus héréditaires.

M. Bailey (1) fait d'ailleurs sur la question qui nous occupe
en ce moment une remarque assez judicieuse. M. Weismann
est amené, selon lui, à une concession bien grave en admettant
que le climat et d'autres agents externes sont capables d'affecter
le germe et de produire des variations durables quand ils ont
agi pendant plusieurs années. Si l'action du milieu se manifeste
au bout de plusieurs générations, elle n'a pas été sans commencer
(peut-être d'une manière cachée) au bout de la première. Le
milieu, conclut M. Bailey, doit agir sur la plante dans une seule
génération ou ne pas agir du tout.

Les expériences de M. Bonnier pour les espèces de montagne,
comme mes expériences mêmes sur les rhizomes, prouvent que
le milieu alpin de même que le milieu souterrain agissent dès la
première année. J'ai montré que les modifications des tiges enterrées sont : 1° très rapides; 2° qu'elles atteignent tous les tissus;
3° qu'elles sont uniformes et que ces organes se modifient de
façon à ressembler à des rhizomes.

En somme, il nous est indifférent de savoir si le milieu agit
dès la première génération ou au bout d'un certain nombre;
c'est toujours lui qui produit des variations qui n'ont pas lieu
d'ailleurs dans toutes les directions comme on l'a prétendu (2).

----

(1) BAILEY, Variat. after Birth (*Americ. Naturalist*, XXX, p. 17).
(2) HENSLOW. Does Natural Select. play any part in the Orig in of
Species amongst Plants (*Nat. sc.*, XI, p. 166), cite le fait suivant : Le
Panais « Student » a été constitué en 5 ans, de 1847 à 1852, par J. Buck-
man, qui est parti de la graine de l'espèce sauvage. Ce fait est, selon
M. Henslow, démonstratif en faveur de l'hérédité des caractères acquis.
M. de Varigny (*Année biol.*, 1897, p. 539) objecte que ceci était vrai à la

III. Les effets attribués aux agents extérieurs sont le résultat de la sélection. — Une nouvelle objection résulte, selon M. Weismann, de l'étude de l'adaptation elle-même. Il s'étonne de constater, chaque fois qu'il y a un changement dans les conditions de vie, que les modifications qui en découlent soient si parfaitement adaptées au milieu : cela ne peut s'expliquer, selon lui, que par l'intervention, depuis une longue série de siècles, d'adaptations de plus en plus perfectionnnées par la sélection.

D'abord l'harmonie dans le monde est-elle aussi parfaite que veut bien le dire M. Weismann? Quand une Sagittaire produit des feuilles nageantes avec des stomates à la face inférieure, ce sont évidemment des organes qui n'ont pas de fonctions et qui ne devraient pas se produire. Cet exemple suffit pour nous édifier, car il peut être cité entre beaucoup d'autres. « Autrefois, dit M. Metchnikow (1), avant la découverte de la sélection naturelle, c'étaient surtout les phénomènes d'harmonie chez les êtres vivants qui préoccupaient les biologistes. On se demandait comment, sans avoir recours à des forces mystiques, on pouvait expliquer cette admirable adaptation des organes à leur fonction. Lorsque Darwin et Wallace eurent démontré qu'il se produit dans la nature la sélection constante des êtres bien adaptés à la vie et une élimination non moins continuelle des organismes moins bien doués dans la lutte pour l'existence, le problème reçut une solution simple et inattendue. Depuis lors, on a attiré l'attention sur les phénomènes de désharmonie. »

Malgré cela, il est bien certain que l'harmonie a une grande place dans l'univers et elle paraît inexplicable à M. Weismann par l'adaptation immédiate et brusque. Au fond, cette objection est fondée sur une méconnaissance complète des lois de la phy-

------

condition de cultiver dans certaines conditions ce qui diminue la valeur du fait.

Cette objection n'est pas exacte, car les variétés horticoles bien fixées se maintiennent en dehors des conditions qui ont présidé à leur naissance. Ce point découle d'ailleurs d'une manière nette et décisive des expériences de Schübeler sur les Blés d'Allemagne qui ont pris héréditairement en Suède une durée de végétation plus courte et des graines plus pesantes, résultat qui est le fondement d'une pratique industrielle importante.

(1) METCHNIKOW. Sur la dégénérescence sénile (*Année biol.*, 1897, p. 249).

siologie. Par le fait même que les conditions extérieures qui entourent un être sont changées, toutes ses fonctions se trouvent profondément altérées. Si l'on place une plante à l'obscurité, elle ne pourra plus produire de chlorophylle, sa nutrition sera donc complètement modifiée; comment s'étonner alors que sa forme et tous ses caractères changent ?

Un être qui ne meurt pas à la suite d'un changement de milieu présente donc fatalement des transformations qui doivent s'accorder avec ce dernier, aussi bien dans la forme que pour les fonctions, sans quoi il mourrait. L'adaptation ne doit donc pas nous surprendre, elle est indispensable et imposée par les lois de la physiologie. Toutes les études entreprises depuis une vingtaine d'années en botanique, dans le domaine de l'anatomie expérimentale, prouvent surabondamment l'exactitude de ces conceptions. Même quand un être meurt, pendant la période plus ou moins prolongée de survie, il présente des phénomènes d'accommodation ; et c'est par suite d'une grande erreur que certains auteurs ont cru pouvoir dire que ces cas, rentrant dans le domaine de la pathologie, n'avaient aucune valeur pour nous.

Dans les expériences que j'ai pu faire sur des tiges de plantes qui ne sont jamais enterrées, j'ai vu en quelques semaines apparaître des caractères qui rapprochaient d'une manière saisissante ces organes des rhizomes, c'est-à-dire des organes souterrains de plantes qui enfoncent normalement et héréditairement leur tige dans le sol. On n'est pas en droit de dire, dans ce cas, qu'il s'agit de la réapparition d'un caractère ancestral, car rien ne justifierait une pareille hypothèse gratuite. On ne peut pas non plus invoquer la dichogénie, puisqu'il s'agit de plantes qui ne développent jamais leur tige en terre. Quant à prétendre qu'il s'est produit, d'une manière fortuite, une ressemblance frappante entre une tige enterrée et un rhizome, il n'y faut pas songer, car les similitudes qui se produisent ainsi se retrouvent dans toutes les expériences. Par cet ensemble de remarques, on se trouve amené nécessairement à conclure que les caractères généraux des rhizomes sont dus à l'action du milieu.

M. Weismann dit encore qu' « un *nombre infini* de dispositions appropriées des organismes ne peuvent pas résulter de l'action directe des agents extérieurs ». C'est cependant l'inverse qui est vrai, au moins pour les végétaux : le nombre des particularités qui sont en relation avec les conditions de vie est indéfini. Dans une feuille rubanée submergée de Sagittaire, c'est l'allon-

gement, la faible épaisseur, la translucidité, la constitution de
l'épiderme, l'étendue des lacunes, la quantité de chlorophylle :
on peut donc dire, sans exagération, que c'est toute la feuille. Si
toutes les particularités de structure ne sont pas nées sous l'influence du dernier milieu où vit la plante, toutes doivent être
en accord plus ou moins complet avec les conditions nouvelles
de vie.

Parmi les idées qui surprennent le plus chez M. Weismann,
je puis citer tout particulièrement sa façon de concevoir le géotropisme et l'héliotropisme. On sait qu'il est d'opinion cou-
rante, depuis les expériences célèbres de Knight, que le géotropisme résulte de l'action directe de la pensateur. « Je ne sais,
dit M. Weismann, si plus d'un botaniste ne penche pas plus ou
moins vers cette hypothèse. » « La géotropie, ajoute-t-il, n'est
pas une qualité originelle de la plante, elle manque encore
aujourd'hui aux végétaux qui n'ont pas de position déterminée
(Algues), elle n'a pu se produire que lorsque la plante s'est
attachée au sol(1). » « Racine et bourgeon ne se sont différenciés qu'au moment où les végétaux se fixaient au sol, et ce n'est
qu'à ce moment qu'ils ont pris les qualités spécifiques de la racine et du bourgeon. Comment auraient-ils pu faire ceci si la
pesanteur avait été pour eux la cause *directe* du géotropisme
positif ou négatif. »

Ces idées théoriques sont, comme on le voit, très curieuses :
mais nous devons faire remarquer que nous ne pouvons pas supprimer la pesanteur et nous n'envisageons que très difficilement
ce qui se passerait si son action était abolie car cet agent cos-
mique a toujours existé depuis que les êtres vivants peuplent la
terre.

Quand on essaie de modifier les conditions de croissance d'une
plante par rapport à la pesanteur, on peut cependant voir apparaître des changements brusques et singuliers. C'est ce que
prouve l'expérience désormais classique réalisée par M. Ray au
laboratoire de l'École Normale : en soumettant un ballon où il
cultivait un *Sterigmatocystis* à un mouvement de trépidation, il a
vu ce Champignon se transformer en petites masses régulièrement sphériques. Jamais un pareil aspect n'a été signalé antérieurement pour aucun Champignon, on ne peut donc pas parler

____

(1) *Loc. cit.*, p. 522 et suiv.

ici de sélection lente : on a, à n'en pas douter, un cas d'adaptation brusque à la pesanteur. La variation atteint, dès cette première expérience, une amplitude extraordinaire et elle n'a guère dû être plus frappante lorsqu'une plante originairement libre, au milieu des vagues agitées de l'océan primitif, s'est fixée sur le sol.

On sait d'ailleurs qu'il se produit des variations du géotropisme sous l'action de la lumière, de l'eau, etc. Nous désignons sous le nom de géotropisme, d'héliotropisme, de thermotropisme, etc., les réactions d'un être à l'action, soit de la pesanteur, soit de la chaleur, etc.; on sait que ces réactions varient non seulement quand l'agent change, comme cela peut arriver pour la lumière et la chaleur, mais aussi lorsque les conditions ambiantes se modifient.

« Si la racine principale, dit M. Weismann (1), jouit de la qualité de pousser directement vers le bas sous l'excitation de la pesanteur, ce n'est pas que cette force a agi sur elle à travers les générations, mais *parce que cette direction de la racine est plus appropriée* pour la plante, et parce qu'il en est résulté *un processus de sélection,* au bout duquel la racine a joui de la qualité de répondre à l'excitation de la pesanteur. »

Tout ce que nous venons de dire est en opposition formelle avec cette manière de voir. *L'action de la pesanteur existe dès le début,* elle n'est pas le résultat des lents efforts accumulés de nombreuses générations. Lorsqu'un Haricot pousse accidentellement la racine ayant sa pointe vers le haut, c'est la pesanteur qui oriente la racine vers le ciel, et l'intervention de ce facteur existe même dans ce cas. D'ordinaire, cette variation ne se maintient pas parce qu'elle est nuisible au développement de la plante; mais imaginons, au contraire, qu'elle soit utile, la sélection naturelle pourra la fixer peu à peu, mais sous l'expresse condition que la plante réagisse toujours de la même façon qu'au début à la pesanteur.

En somme, l'accord de la plante avec les agents extérieurs n'est pas le résultat de la sélection; il existe dès l'origine, et doit se maintenir ultérieurement.

------

(1) P. 523. Un peu plus loin, M. Weismann dit « ce mode de réaction *a fini* par devenir différent ». Ce n'est pas par là qu'il a fini, puisque c'est par là qu'il doit commencer. Là est la grande erreur.

« La sélection naturelle, dit Romanes (1), ne peut seulement commencer à opérer que si le *degré* de l'adaptation est déjà donné comme suffisamment haut pour compter comme quelque chose dans la lutte pour l'existence. Aucune adaptation qui tombe au-dessous de ce niveau d'importance ne peut avoir été produite d'une manière possible par la survivance du plus apte. Cependant les adeptes de Darwin parlent habituellement de caractères adaptatifs, qui *dans leur propre opinion* sont utiles simplement au confort ou à la commodité, comme ayant été produits par de tels moyens. Clairement cela est illogique; car il est de l'essence de la théorie de Darwin de supposer que la sélection naturelle ne peut avoir aucune juridiction au delà de la ligne où les structures et les instincts sont déjà présents à un degré suffisant de valeur adaptationnelle pour accroître, dans quelque mesure, l'expectative de vie de la part de leurs possesseurs. Nous ne pouvons parler d'adaptations comme dues à la sélection naturelle, sans affirmer par là qu'elles présentent ce ce que j'ai appelé ailleurs une *valeur sélective*. »

M. Weismann est en complet désaccord avec toute la physiologie quand il dit que l'irritabilité spécifique n'a pu être provoquée « par l'action des influences extérieures ». Il a donc grand tort de s'étonner de constater que, « si simples que soient ses conclusions », il ne les a « jamais rencontrées chez les botanistes ». Il ne pouvait pas leur demander de se mettre en contradiction formelle avec la physiologie végétale qu'ils enseignent.

IV. Induction physiologique. — Une dernière objection de M. Weismann nous reste à examiner. Il a fait à M. Detmer (2), physiologiste distingué, le reproche d'avoir cru trouver en botanique des arguments très frappants en faveur de l'hérédité acquise. Il lui a reproché notamment d'avoir comparé les phénomènes d'induction physiologique aux phénomènes héréditaires.

Si l'on expose un *Mimosa* à la lumière, les folioles s'étalent : elles se rapprochent si on le met à l'obscurité. Ces phénomènes, que l'on peut réaliser à un moment quelconque du jour et de la

---

(1) Romanes. Darvin and after Darwin, I, p. 275.
(2) Detmer. Zum Problem der Vererbung (*Archiv für Physiol.* Pflüger, 1887, t. 41).

nuit, se produisent normalement dans le cours de la vie de la plante par suite du rythme alternatif des jours et des nuits. Vient-on à placer pendant un certain nombre de jours et de nuits la Sensitive soit à une obscurité constante, soit à un éclairement uniforme, le végétal semble se souvenir, malgré cela, des journées ensoleillées ou des nuits sombres, car on le voit pendant un certain temps, fermer et ouvrir alternativement ses feuilles.

On connaît en botanique un certain nombre de phénomènes analogues à celui-là, M. Detmer les a ingénieusement rapprochés des phénomènes héréditaires. M. Weismann a le tort de confondre l'analogie et l'identification. Il triomphe à peu de frais quand il se demande ce que les faits précédents ont à faire avec l'hérédité ; on pourrait tout aussi bien, selon lui, homologuer les oscillations du pendule aux phénomènes héréditaires.

Il exagère peut-être, car la comparaison de M. Detmer est beaucoup moins lointaine qu'il ne le prétend : je vais essayer de le montrer. Transportons un arbre engourdi par l'hiver dans une serre, les bourgeons s'épanouissent ; d'autre part, le rythme des saisons nous apprend que la chute des feuilles est en rapport avec l'arrivée des froids. Cependant quand nous transportons un arbre des pays septentrionaux (Japon) dans les pays tropicaux (Java), nous le voyons réagir à la manière du *Mimosa*. Le *Diospyros kaki* conserve, dans un pays de climat uniforme, le rythme de sa frondaison ; mais tous les individus ne se couvrent plus de feuilles en même temps et ils se dépouillent à des époques différentes. On ne saurait nier qu'il ne s'agisse ici d'un phénomène inductif et héréditaire ; il semble bien qu'il y ait une assez grande ressemblance entre l'action de la lumière sur les *Mimosa* et celle de la chaleur sur les *Diospyros*.

D'ailleurs ce qui prouve bien que la chaleur (aidée de l'humidité) peut avoir une influence sur la chute des feuilles, au moins pour certaines espèces, c'est qu'on connaît un certain nombre de types à feuillage caduc dans les pays froids qui se transforment en formes à feuilles persistantes dans les pays chauds (Chêne, etc.).

Le Cerisier d'Europe (et beaucoup d'autres plantes) transporté à Ceylan se comporte de même et M. Weismann, qui connaissait ce cas, n'a pas hésité à reconnaître que la périodicité du feuillage dans nos pays « a été provoquée par l'alternance périodique de l'hiver et de l'été », il convient également qu'il s'agit « d'une qualité fixée héréditairement ». « Si, dit-il, réel-

lement notre Cérisier, issu de graines pendant plusieurs générations, est devenu graduellement arbre à feuilles persistantes,
c'est-à-dire s'il a conservé ses feuilles à l'automne et a formé des
bourgeons d'hiver, *on ne pourrait plus douter de l'hérédité des
caractères acquis.* Je ne suis pas botaniste, mais il n'y a que la
Cerise sauvage, autant que je sache, qui se reproduise par
graine : la Cerise comestible se reproduit par greffe. Mais les
greffes sont des parties du soma d'un arbre existant déjà, et
dans la multiplication par greffes on n'a pas affaire à des générations consécutives, mais à un seul et même individu réparti
successivement sur plusieurs tiges sauvages. Qu'un seul individu
puisse être modifié de plus en plus dans le cours de son existence par l'action *directe* d'influences extérieures, personne n'en
doute. Mais ce qui est douteux, c'est que de telles modifications
puissent être héritées par les cellules germinatives. Si les Anglais
ont voulu manger à Ceylan, comme je le suppose, non pas des
Cerises sauvages, mais des Cerises domestiques, des espèces cultivées, les branches de Cerisiers qui portent les fruits n'ont pas
du tout traversé les cellules germinatives ni le plasma germinatif, et rien ne s'oppose à ce que leurs caractères anatomiques et
physiologiques puissent être modifiés, avec le temps, par l'influence du climat. »

A cette objection, nous avons déjà répondu qu'elle est radi-
calement inexacte et repose sur la prétention insoutenable qu'il
n'y a pas d'hérédité en dehors de la reproduction sexuée, ce qui
est controuvé par des milliers d'exemples tirés du règne végétal.
D'ailleurs, il faut remarquer que, dans le cas du Chêne de Madras,
l'objection (non fondée d'ailleurs) tirée de la reproduction a-
sexuelle n'est plus applicable, cette plante se reproduisant par
graines ; et nous sommes amenés à conclure avec M. Weismann
qu'on ne peut pas, dans ce cas, « douter de l'hérédité des caractères acquis ».

V. **Conclusions.** — D'ailleurs, nous allons montrer clairement qu'après avoir longtemps tergiversé, M. Weismann a fini
par faire à ses adversaires des concessions extrêmement graves
pour sa théorie (1).

« Il est évident, dit M. Weismann, par la théorie de l'hé-

____

(1) Voir à ce sujet PACKARD (*Proceed. Americ. Acad.*, XXIX, 1894);

rédité ici proposée que seuls sont transmissibles les caractères qui ont été contrôlés par les déterminants du germe, et que conséquemment seules ces variations sont héréditaires qui résultent de plusieurs déterminants, et non celles qui sont produites ultérieurement en conséquence de quelque influence exercée par les cellules du corps. En d'autres mots, *il suit de cette théorie que les caractères somatiques ou acquis ne peuvent être transmis.* Ceci cependant n'implique pas que les *influences externes sont incapables de produire des variations héréditaires;* au contraire, elles donnent *toujours* naissance à de telles variations *quand elles sont capables de modifier les déterminants du plasma germinatif.* Les influences du climat, par exemple, peuvent très bien produire des variations permanentes, en causant lentement des altérations croissant graduellement qui apparaissent dans certains déterminants dans le cours des générations. Une transmission apparente de modifications somatogènes peut même prendre place dans certaines circonstances par les influences du climat, affectant certains déterminants du plasma germinatif à *la même époque* que quand ils les passent aux parties du corps qu'elles ont à contrôler. »

Le cas du *Polyommatus Phlaeas*, que l'auteur cite à ce propos, mérite d'être appelé avec détail. C'est un Papillon qui habite à la fois les pays chauds tels que l'Asie et les pays tempérés comme l'Allemagne, et aussi des contrées moyennes comme la Grèce. Il a toujours deux générations par an : l'une au printemps et l'autre à l'automne. Dans les pays relativement froids (Allemagne), les deux générations ont les ailes rouges; dans les pays très chauds (Asie), les deux générations ont les ailes tachées de noir; dans les contrées intermédiaires (Grèce), la génération de printemps a les ailes rouges (forme septentrionale), celle d'automne a les ailes noires (forme méridionale). D'après cette constatation, on ne doit pas s'étonner d'apprendre que lorsque la saison estivale a été très chaude en Allemagne, on puisse voir apparaître en automne des formes à taches noires. L'expérience confirme d'ailleurs ces résultats, d'après les essais de M. Weismann : l'incubation des puppes allemandes en une étuve à température élevée a donné des Papillons à taches noires; celle des puppes grecques dans un réfrigérant a donné des Papillons à taches rouges. Mais les formes ainsi obtenues expérimentalement ne sont pas identiques aux formes septentrionales ou méridionales, elles y ressemblent seulement un peu : il faudrait agir pendant plusieurs générations, peut-être pendant un très grand nombre, pour avoir l'identité absolue des types expérimentaux et des types normaux. On pourrait conclure de toutes ces remarques, dit M. Weismann, « qu'elles semblent être un exemple de transmission des caractères acquis ». Il ne croit cependant pas que cette interprétation soit correcte. « Au lieu d'appuyer la doctrine de la transmission de caractères somatogènes, cet exemple montre comment un tel processus peut avoir lieu en apparence et de quoi il dépend. Un caractère somatogène n'est pas hérité dans ce cas, mais l'*influence modificatrice* — *la température* — *affecte* les éléments constitutifs primaires de l'aile dans chaque individu — c'est-à-dire une partie du soma — *aussi bien que le plasma germinatif contenu dans les cellules germinales de l'animal.* Elle modifie les *mêmes déterminants* dans les rudiments des jeunes chrysalides que dans les cellules germinales. »

Ce sont, en somme, ces derniers points qui sont intéressants surtout et qui méritent d'être relevés. Ce sont eux qui constituent, en fait, une opinion nouvelle de M. Weismann.

« Je crois, disait-il autrefois à propos de l'origine des variations du germe, qu'on peut en dernière analyse les rapporter aux influences extérieures variées auxquelles le germe est exposé avant le début du développement embryonnaire. » « Les cellules germinales sont, en effet, contenues en lui, et les influences externes qui peuvent agir sur elles sont essentiellement déterminées par l'organisme qui les recèle. S'il est bien nourri, les cellules germinales sont abondamment alimentées, et, inversement, s'il est faible et maladif... » « *Mais ceci est en vérité tout autre chose que de croire, comme certains le voudraient, que l'organisme peut transmettre aux cellules germinales les modifications qui ont été imprimées par les agents extérieurs,* de telle sorte qu'elles se représentent à la génération suivante, au même moment et au même point de l'organisme que chez les parents. » Mais est-ce une raison, parce qu'on ne comprend pas une chose, pour nier son existence?

Voilà donc le mystère weismannien expliqué. M. Le Dantec (1) dit à ce propos : « Cette concession arrachée à Weismann par les nécessités des résultats expérimentaux, l'auteur nous montre

____

(1) LE DANTEC. Lamarckiens et Darwiniens (*Biblioth. philos. contemp.*, p. 86).

qu'elle est toute naturelle ; c'est une conséquence de sa théorie
même, comment n'y avait-il pas songé plus tôt !

« Quelles que soient les objections que l'on puisse faire à cette
théorie, il n'est pas moins vrai qu'elle constitue une concession
très considérable aux néo-lamarckiens. »

M. Cope, le chef de l'école américaine, a d'ailleurs revendiqué
comme siennes (1) les conceptions nouvelles de M. Weismann,
c'est le fondement de la théorie imaginée par lui sous le nom
de diplogénèse en 1890.

Si l'on désigne avec M. Perrier (2), sous le nom d'*allomor-
phoses* les variations dues à l'action directe ou indirecte du milieu, et *automorphoses*, les variations dues au défaut d'usage
ou à l'usage, on voit donc qu'aujourd'hui (car demain cela
pourra encore changer) M. Weismann admet l'hérédité des *allo-
morphoses*. « Cela est suffisant ou à peu près pour les végétaux,
dit M. Le Dantec, mais il nie celle des *automorphoses* et par
conséquent l'hérédité des instincts acquis, ce qui est absolument
insoutenable ».

____

(1) *Americ. nat.*, 1889.
(2) Perrier. Colonies animales, 2ᵉ édit., 1898, préface, XVI, XVII.

CHAPITRE VIII

I. **Hérédité morbide.** — Pendant longtemps, les faits qui paraissaient plaider en faveur de l'hérédité acquise ont été empruntés au domaine médical et un grand nombre de médecins célèbres y ont cru fermement. N'ayant pas la place d'examiner les cas de mutilations, je me bornerai à discuter les expériences de Brown-Séquard qui ont longtemps constitué l'argument décisif en faveur de la transmission des maladies acquises, M. Weismann ayant cru devoir jeter des doutes, dans ces dernières années, sur la valeur de ces expériences.

En pratiquant sur des Cobayes des sections du nerf sciatique, de la moelle, etc., Brown-Séquard provoque, quelques semaines après l'opération, une épilepsie assez singulière. Il se produit au bout de quelque temps, au-dessous de l'œil, sur la face, une zone dite épileptogène : ce nom est justifié par ce fait que l'attaque d'épilepsie commence dès qu'on vient à toucher un point quelconque de cette zone. Or les animaux qui présentent cette maladie si caractérisée et si étrange transmettent à leurs petits une affection identique.

Les résultats que nous venons d'énoncer ont été étudiés par Brown-Séquard (1) de 1850 à 1872 et personne ne peut nier la grande notoriété scientifique de ce savant. Les faits ont été contrôlés par MM. Obersteiner (2) et Westphal, par Romanes et aussi par M. Dupuy.

---

(1) *Comptes rendus de la Soc. biologie*, II, 1850, p. 105, 169. — Researches on Epilepsie. Boston, 1857. — *Proceed. roy. Soc.*, X, p. 297. — *Journal de la physiol. de l'homme*, 1858, I, 241, 472; 1860, III, 167. — *Archiv. de phys. norm. et pathol.*, 1868, I, 317; 1869, II, 212, 428; III, 1870, 154; IV, 1871-1872, 116. — *Lancet*, 1875.

(2) *Oesterreichische medicinische Jahrbücher*, 1875, 179.

M. E. Dupuy (1) a répété les diverses expériences de Brown-Séquard et il en a confirmé les résultats. Il a vu notamment « que les phénomènes bien connus des physiologistes et qui sont la conséquence de l'ablation des ganglions sympathiques cervicaux chez les Cochons d'Inde, se retrouvent aussi chez les petits au cours de plusieurs générations. » « J'ai vu, dit-il, l'apparition des phénomènes se produire jusqu'à la septième génération lorsque l'observation a été abandonnée. Je dois dire que l'autopsie des descendants m'a permis de trouver toujours les cordons et les ganglions cervicaux sympathiques à leur place et paraissant être à l'état normal. »

« M. Brown-Séquard, continue le même auteur, a fait voir aussi qu'une piqûre d'un corps restiforme du Cochon d'Inde a pour conséquence une sorte d'exophtalmos *du côté correspondant*, et il a vu que ce phénomène se retrouve aussi chez les petits de parents qu'il avait opérés de cette façon je crois pendant plusieurs générations. J'ai vu les mêmes faits se produire jusqu'à la 7e génération aussi ; et l autopsie n'a rien fait découvrir d'anormal dans les corps restiformes de ces descendants. Tous mes animaux étaient vigoureux et abondamment nourris. »

« M. Brown-Séquard m'a confié pendant un de ses voyages à l'étranger en 1870, un petit Cochon d'Inde extrêmement remarquable comme il paraîtra. Il était né d'une paire à laquelle il' avait arraché le nerf grand sciatique dans la gouttière trochantienne ; l'on sait que cette opération a pour résultat constant le développement de l'épilepsie, et il arrive, en outre, que les deux doigts externes de la patte privée du nerf étant devenus insensibles et paralysés, traînent sur le sol, sont vite enflammés et ulcérés ; l'animal se met à les ronger et ne s'arrête dans cette opération d'auto-amputation que lorsqu'il atteint la limite d'innervation des autres nerfs du membre ; la douleur alors l'oblige à protéger la plaie qui ne tarde pas à se cicatriser ; de sorte qu'au bout de quelque temps, cet animal possède un membre postérieur se terminant en pointe et par un seul doigt. Or ce

<hr>

(1) Dupuy. De la transmission héréditaire de lésions acquises (*Bull. scient. de la France et de la Belgique de Giard*, 1890, 4e série, t. I, 445). — Voir du même auteur : *International ophthalmological Congress*. New-York, sept. 1876. — *Popular Science. Monthly*, july 1877, New-York. — *C. R. de la Soc. de biologie*, Paris, t. XXXIV, 1882, p. 667.

ce petit Cochon d'Inde si remarquable avait une *patte postérieure pareille à ses parents*, il était épileptique (1). »

« On sait aussi, depuis que M. Brown-Séquard, M. Vulpian et moi-même l'avons trouvé et montré, que la lésion ou l'ablation du cordon ou d'un ganglion cervical sympathique du Cochon d'Inde a pour résultat, une asymétrie en moins et extrêmement marquée de l'hémisphère cérébral du côté correspondant qui est plus petit que l'autre; et nombre de fois M. Brown-Séquard d'abord et moi aussi plus tard, avons vu que le même côté de la face et du crâne est plus petit. Il y a plus de huit ans que, reprenant cette expérience, j'ai trouvé que cette asymétrie singulière s'était reproduite chez le petit d'une paire de Cochons d'Inde que j'avais mis en expérience. » .

A ces divers phénomènes, Brown-Séquard a ajouté comme héréditaires les particularités suivantes : — « Un changement de forme de l'oreille d'animaux nés de parents chez lesquels un pareil changement était l'effet d'une division du nerf cervical sympathique ».

— « Une clôture partielle des paupières chez des animaux nés de parents dans lesquels cet état des yeux avait été causé soit par une section du nerf cervical sympathique, soit par le déplacement du ganglion cervical supérieur. »

— « Haematomie et gangrène sèche de l'oreille d'animaux nés de parents chez lesquels cette altération de l'oreille avait été causée par une blessure du corps restiforme près le bec du calamus. »

— « Apparition de divers états morbides de la peau, des poils du cou et de la face chez un animal né de parents ayant de semblables altérations dans les mêmes parties, comme effet d'une blessure du nerf sciatique. »

Les faits très intéressants et très étranges que nous venons d'énumérer ne peuvent pas être expliqués comme les mutilations par de simples coïncidences. Il semble donc que l'hérédité des caractères acquis soit désormais prouvée. M. Weismann ne veut pas se déclarer convaincu et il emploie toute la fécondité de son esprit à prouver que ces expériences de Brown-Séquard

---

(1) Quelquefois, une partie d'un ou de deux doigts manque chez le jeune, quoique dans le parent non seulement les doigts mais tout le pied ait été mangé ou détruit par l'inflammation, l'ulcération ou la gangrène.

ne signifient rien. « A mon avis, dit-il, on n'a pas le droit d'en conclure que les caractères acquis sont susceptibles de transmission, *parce que l'épilepsie n'est pas un caractère morphologique, mais une maladie.* Il ne pourrait être question de la transmission d'un caractère morphologique, dans le cas qui nous occupe, que si une lésion des nerfs amenait une modification morphologique déterminée qui causât en même temps l'épilepsie, qui se montrerait de même chez les petits, et provoquerait aussi chez eux des phénomènes d'épilepsie (1). »

Voilà il faut avouer des arguments bien extraordinaires. Quoi, c'est parce que l'épilepsie est une maladie qu'elle ne peut se transmettre! Mais est-ce que les caractères physiologiques ne peuvent pas être héréditaires?

Romanes (2) fait à propos de cette objection invraisemblable quelques observations judicieuses. La remarque de M. Weismann peut être présentée de la façon suivante : Il n'y a pas transmission de la mutilation du nerf, car, de la sorte, nous aurions cette conséquence en apparence absurde que la cause de la maladie n'est pas transmise tandis que son effet (la maladie) l'est. « Mais je ne pense pas que cette critique puisse être jugée de beaucoup de poids par un physiologiste. Car rien n'est plus certain pour un étudiant en physiologie que, dans toutes ses branches, l'évidence négative fournie par le microscope seul est très précaire. Il n'est pas nécessaire qu'un changement visible du système nerveux soit présent pour que la partie affectée soit faible ou incapable fonctionnellement : la pathologie peut montrer des cas nombreux de désordres nerveux où ni le scalpel ni le microscope ne peuvent en découvrir la cause *structurale.* »

Une deuxième objection de M. Weismann est que tous les phénomènes observés par Brown-Séquard sont peut-être dus à un microbe, vraie cause du mal. La transmission héréditaire serait due à l'introduction du Bacille dans la cellule spermatique ou dans la cellule œuf. Brown-Séquard, qui a eu connaissance de ces objections vers la fin de sa vie, n'a cru devoir répondre qu'à cette dernière dont il paraît s'être ému.

« Ce n'est pas une hypothèse scientifique, dit-il, puisqu'elle

------

(1) *Loc. cit.,* p. 356 et suiv.; voir aussi p. 133.
(2) *Loc. cit.,* II, 112.

ne repose sur aucun fait. Le microbe dont on imagine l'existence n'a jamais été vu. J'ai fait faire et j'ai fait moi-même l'examen du sperme des Cobayes épileptiques ayant eu des descendants épileptiques et qui étaient néanmoins en bonne santé, ainsi que sont ces animaux quand on surveille leur hygiène, et jamais microbe n'y a été trouvé. » Il se demande d'ailleurs comment il pourrait être question de microbes puisqu'on peut obtenir les phénomènes spéciaux de l'affection précédente en écrasant le nerf sciatique et les muscles qui l'environnent « sans faire l'ouverture de la peau (1) ».

Westphal a produit l'épilepsie sans aucune incision en frappant l'animal sur la tête avec un marteau. Il y aurait également transmission à la descendance, dans ce cas où les microbes n'interviennent pas. « Que gagne-t-on alors, dit Romanes, en maintenant l'hypothèse intrinsèquement improbable des microbes pour expliquer le fait de la transmission dans les expériences de Brown-Séquard, s'il est prouvé que le même fait apparaît sans la possibilité de microbes dans le cas de Westphal (2) ? »

M. Hill (3) a cependant affirmé récemment que, dans un cas au moins, les microbes ont pu jouer un rôle. En coupant le nerf sympathique cérébral on provoque, selon Brown-Séquard, une certaine faiblesse héréditaire de la paupière correspondante ; ce résultat est bien exact mais il n'aurait été héréditaire, selon Hill, que pour deux sujets qui moururent. L'auteur croit que les Cobayes de Brown-Séquard ont été atteints de conjonctivite, maladie qui sévit principalement les années chaudes quand la cage n'est pas propre.

En admettant que ce dernier résultat soit exact (ce qu'il faudrait d'ailleurs contrôler, car Brown-Séquard et Dupuy disent que les Cobayes étaient robustes et en bon état de santé), il ne s'applique qu'à un des huit cas de transmission héréditaires signalés par Brown-Séquard ; pour les sept autres, personne n'est parvenu à découvrir jusqu'ici aucune Bactérie. C'est ce que dit expressément Romanes qui, dès 1875, a entrepris des expé-

____

(1) *Compt. rendus de l'Acad. des sciences*, 1892. — *Archiv. de physiol.*, t. IV, 5e série, p. 687.

(2) Romanes, II, 108.

(3) Hill. Some experiments on supposed cases of the inheritance of acquired characters (*Proceed. Zool. Soc. London*, IVe partie, 785, 1897).

riences pour contrôler les résultats précédents, recherches qui ont
été poursuivies jusque vers 1892. En répétant l'expérience rela-
tive aux oreilles desséchées après incision du corps restiforme, il a
vérifié son exactitude; d'ailleurs, il n'a jamais observé cette affection chez les animaux qui n'avaient subi aucun traitement et il dit
à ce propos : « Quant à l'hypothèse de microbes, j'ai essayé d'ino-
culer les parties correspondantes des oreilles d'un Cochon d'Inde
normal en scarifiant ces parties et en les frottant avec des surfaces
malades de l'oreille d'un Cobaye mutilé ; mais je n'ai pas été
capable par cette méthode de communiquer la maladie. »

Romanes a contrôlé, en somme, on peut dire tous les résultats
de Brown-Séquard. Il avait d'abord échoué parce que ces expériences sont très délicates et qu'il faut, notamment lorsqu'il
s'agit de blessures du corps restiforme, entamer l'organe en un
point très précis. Il a trouvé que très souvent la transmission
héréditaire est faible, qu'elle n'est souvent observable que sur
2 pour 100 des individus. Mais dans ces questions délicates, il ne
faut pas espérer obtenir des transformations s'appliquant à tous
les individus : si le problème de l'hérédité était si simple il ne
ferait pas l'objet de débats passionnés. Romanes a constaté également une transmission dans le cas d'exophthalmie : la proémi-
nence des yeux est appréciable à la deuxième génération, mais
elle est plus faible qu'à la première.

Une autre objection de M. Weismann ne semble pas applicable à tous les cas : il remarque que les prodromes de la maladie
ne sont pas constants. Souvent les Cobayes traités ne sont pas
épileptiques, mais simplement névropathes, tantôt sous une forme
localisée, tantôt sous une forme générale. Cependant, affirme
Brown-Séquard, les caractères de l'épilepsie bien différenciés sont
très étranges, très spéciaux, très reconnaissables, et c'est justement cet ensemble compliqué de phénomène qui est transmis-
sible.

« J'ai vu apparaître, dit Brown-Séquard, quelque temps après
la naissance (chez les petits) les premiers symptômes de l'épilepsie et *en tous points* cette affection a été chez eux semblable à
celle du parent épileptique. En effet, l'espèce de mouvements
convulsifs, l'anesthésie de la peau de la zone épileptogène, l'accroissement graduel de l'affection, puis plus tard son décroisse-
ment graduel aussi, et enfin sa disparition coïncidant avec la
chute des poils et le retour de la sensibilité à la peau du cou et
de la face, — en d'autres termes toutes les particularités observa-

bles (prodromes, symptômes, progrès, décroissance et guérison) ont eu lieu comme après la section du nerf sciatique (1). »

Il faut reconnaître que ce passage est très explicite. D'ailleurs Romanes ajoute que, dans le cas d'atrophie des doigts des enfants, les caractères « étaient exactement semblables à ceux qu'on observait chez les parents, à l'exception qu'ils étaient fréquemment sur le côté opposé ou sur les deux côtés ». Mais on a déjà signalé des variations légères de cette nature dans des cas bien incontestables d'hérédité normale (2).

En somme, malgré le caractère anomal et exceptionnel des phénomènes que nous venons de décrire, on conçoit, d'après ce que nous venons d'exposer, que M. Delage (3) se soit cru autorisé à dire : « Nous admettrons comme *formellement* prouvé que certaines maladies générales acquises, surtout parmi celles qui touchent au système nerveux, sont sûrement héréditaires par démonstration expérimentale. » Nous n'entrevoyons d'ailleurs pas très bien comment cet auteur concilie cette affirmation si catégorique avec tant d'autres propositions contraires.

Brown-Séquard, peu de temps avant sa mort, après avoir repris et répété toutes ses expériences lorsqu'il connut les objections de M. Weismann, s'est cru autorisé à dire en terminant : « En vérité ces partisans si nombreux de Weismann en Angleterre et en Allemagne ont montré une légèreté vraiment extraordinaire en admettant son hypothèse à l'égard de la transmission par hérédité d'une affection nerveuse produite artificiellement chez les parents. L'idée darwinienne ressort donc triomphante de cet examen. »

II. Hérédité vaccinale. — L'étude précédente conduit à admettre l'hérédité morbide et explique un grand nombre de faits très importants dans le domaine de la pathologie, elle peut en particulier nous guider dans l'examen de la question si fondamentale de l'hérédité vaccinale. « Non seulement, écrit M. Duclaux la mère, mais le père (4), peut transmettre à ses enfants ses

---

(1) *Archiv.*, 1871-72, IV, p. 116.
(2) HANOT, Considérations générales sur l'Hérédité hétéromorphe.
(3) DELAGE. La struct. du protopl. et les théories de l'hérédité, p. 212.
(4) DUCLAUX. Le Microbe et la Maladie, p. 192. Une action du père est établie nettement par les expériences de M. de Vries sur les Maïs à amidon et à sucre (ou plutôt à dextrine) qui justifient si bien

qualités intellectuelles, ses ressemblances physiques, même ses difformités acquises, comme dans les curieux Cobayes de Brown-Séquard qui se lèguent de génération en génération la traduction de lésions anatomiques ou des opérations chirurgicales subies. La transmission de l'immunité n'a pas besoin d'un autre mécanisme. »

M. Arloing (1) est encore plus explicite : « Il s'établit, dit-il, sous l'influence des sécrétions microbiennes une modification des éléments anatomiques capables de les faire triompher des agents virulents. L'ovule en tant que cellule intégrante de l'organisme ne fait pas exception. Chez lui, comme chez tout autre élément, une propriété nouvelle s'est fixée dans le protoplasma: cette propriété devenue plastique en quelque sorte se retrouve dans toutes les cellules qui naîtront de l'ovule. L'embryon, le fœtus, le jeune sujet enfin seront donc formés de cellules résistantes, accoutumées aux microbes et aux modificateurs chimiques qu'elles sécrètent. »

M. Duclaux (2), par des considérations théoriques très intéressantes, était arrivé, il y a déjà un certain nombre d'années, à se rendre compte des phénomènes qui s'opèrent dans la vaccination. Quand on inocule à une Poule la culture atténuée du choléra des Poules, que se passe-t-il? Évidemment par suite du conflit qui a existé entre la Bactérie et l'Oiseau pendant un certain temps, les cellules de ce dernier animal ont acquis des propriétés nouvelles : attaquables primitivement par une culture très virulente avant la vaccination, elles résistent maintenant, depuis qu'elles sont vaccinées, à cette cause destructrice. Or les cellules de l'animal ne sont pas facilement étudiables, renonçons donc provisoirement à leur étude et portons toute notre attention vers l'autre être qui a pris part à la lutte.

Comment varient les cellules bactériennes? De deux manières très différentes. Sous l'influence d'une *action brusque* (action de la chaleur dans l'expérience de Toussaint et Chauveau pour le charbon, par exemple) ces Bactéries donnent des variétés instables et les cultures ainsi atténuées reprennent leur virulence première dès qu'on les cultive dans d'autres conditions. Si l'on fait au

---

la fable découverte de M. Guignard sur la double fécondation (celle de l'œuf et celle de l'albumen).

(1) ARLOING, *Les Virus*, p. 284.

(2) *Loc. cit.*

contraire agir *lentement* le soleil, l'air, les antiseptiques, la variation devient stable : elle est héréditaire.

Ces résultats très remarquables, obtenus pour les cellules isolées, doivent s'appliquer vraisemblablement aux modifications qui peuvent se produire dans les cellules d'un animal supérieur lorsque ses conditions ordinaires de milieu interne sont modifiées, par suite de l'invasion d'un parasite. Les tissus doivent donner des variétés et, suivant les conditions dans lesquelles ces variations se forment, elles peuvent être stables ou instables ; ainsi s'expliquerait l'immunité transitoire et l'immunité permanente. Les études de M. Massart sont en accord avec ces conceptions théoriques.

La virulence des bactéries n'est pas seule à varier : les leucocytes chargés de les combattre se modifient également. Les recherches de M. Massart (1) et de ses collaborateurs ont montré que les leucocytes des animaux immunisés présentent des propriétés très intéressantes au point de vue de l'hérédité. Leur vie est éphémère, « ceux qui interviennent pour assurer l'immunité à l'animal réfractaire ne sont pas ceux-là qui ont été impressionnés lors de la vaccination, mais les descendants de ces derniers : il faut en conclure que les leucocytes transmettent à leurs descendants les propriétés nouvelles qu'ils ont acquises ». Alors que bien souvent, par ses cellules sexuelles, l'animal immunisé ne transmet pas l'état réfractaire, certaines de ses cellules somatiques conservent, à travers toute une série de générations asexuelles, les caractères nouveaux que leur a fournis la vaccination. « Mais, ajoute l'auteur, ces propriétés sont soumises à la loi générale de l'évolution d'après laquelle toute fonction inutile tend à disparaître : aussi pour que l'économie garde son immunité, est-il indispensable de procurer de temps en temps aux leucocytes l'occasion d'exercer leur phagocytisme exalté. »

M. Demoor, un des collaborateurs de M. Massart, est revenu récemment sur cette question et, s'appuyant sur les travaux de M. Vaillard et M. Ehrlich dont nous allons parler, il conclut qu'il ne faut pas vouloir rechercher dans l'immunité une

---

(1) MASSART. Le chimiotactisme des leucocytes et l'immunité (*Ann. de l'Inst. Pasteur*, VI, 1892, 325). — Mlle Everard et MM. Demoor et Massart. Sur les modifications des leucocytes dans l'infection et dans l'immunisation (*Id.*, VII, 1893, p. 184).

preuve en faveur de l'hérédité des caractères acquis lorsqu'il s'agit de transmission sexuelle. Mais il maintient qu'il y a une transmission héréditaire de cellule à cellule, dans les générations successives de leucocytes, de la propriété nouvelle qu'ils ont acquises. On conçoit, d'après cela, si l'on tient compte de tout ce qui a été dit au chapitre III, qu'il est bien risqué d'affirmer que l'hérédité acquise n'existe pas s'il y a transmission héréditaire aux cellules somatiques du corps, car nous avons vu qu'il est très difficile de croire à la séparation profonde du soma et du germe. « On conçoit donc, comme le dit M. Demoor (1), que dans le monde médical, la théorie de l'hérédité des caractères acquis soit encore adoptée par un grand nombre d'observateurs. Mais il faut voir si l'on peut fonder ses croyances autrement que sur des affaires de sentiment. »

La transmission de l'immunité de la mère au fœtus nous apprend quelque chose de plus : non seulement l'hérédité fonctionne pour les cellules d'un même être issues les unes des autres (de manière que, 65 ans après une vaccination spontanée, l'immunité persiste encore, comme dans le cas de la rougeole aux îles Féroé) mais elle intervient encore manifestement d'une génération à une autre.

Cette remarque a une certaine portée, car elle fait entrevoir une explication de l'immunité naturelle ; elle explique pourquoi certaines maladies sont plus redoutables en certains lieux (la fièvre scarlatine en Angleterre, la diphtérie près de la Baltique, etc.), pourquoi les épidémies qui fondent sur un pays où une maladie était jusque-là inconnue font souvent de si grands ravages (2), etc.

La théorie précédente de M. Duclaux était, comme on le voit, aussi simple qu'ingénieuse, elle éclairait une multitude de faits. Depuis l'époque où elle a été exposée la microbiologie a fait beaucoup de progrès et les savants ont cherché à expliquer l'immunité en faisant intervenir les substances bactéricides, les antitoxines ou les phagocytes. Voyons comment se comporte l'hérédité vaccinale vis-à-vis de ces diverses conceptions.

______

(1) DEMOOR (*Journal médical de Bruxelles*, 28 mai 1896).
(2) En 1846, une épidémie de rougeole éclate aux îles Féroé, importée par un marin malade : sur 7 782 habitants, 6 000 sont atteints. En 1879, aux îles Fidji, un navire venant de Sidney apporte la maladie qui fait périr 40 000 habitants sur 100 000.

Si, selon MM. Charrin et Gley, les rejetons d'un être vacciné
se défendent comme l'ascendant, la raison en est à ce que leurs
leucocytes ont reçu héréditairement l'aptitude d'englober et de
digérer les Bactéries par l'intermédiaire des cellules génératrices.
« Pourquoi, dit M. Charrin, l'atome albuminoïde, qui dans l'or-
ganite des générateurs sécrétait des matières microbicides, digérait
les germes inclus, ne persistera-t-il pas à remplir ces mêmes rôles
au sein de l'élément fœtal qu'il a contribué à former en se déta-
chant des tissus de l'ascendant ? »

M. Vaillard, qui soutient une autre hypothèse (1), fait remarquer qu' « au point de vue spéculatif cette théorie peut sembler vrai-
semblable, mais pour devenir vraie elle a besoin d'un autre appui
que des probabilités ». Il prétend que la conception que nous
venons d'exposer « se heurte à un argument de fait ». « Si le
mobile de l'immunité héréditaire se résume dans le transfert
d'une propriété inhérente à la cellule génératrice, la cellule *mâle*
doit nécessairement intervenir comme la cellule femelle » pour
la transmission ; or, ajoute-t-il, « l'expérimentation *démontre*
qu'il n'en est pas ainsi ».

Examinons d'un peu près *cette question de fait* et voyons si les
expériences sont aussi nettement négatives que le prétend
M. Vaillard.

M. Ehrlich (2) est le premier qui ait cherché à résoudre
expérimentalement le problème biologique dont il est ici question. Il a étudié la transmission de l'immunité chez les animaux
vaccinés contre certains poisons végétaux (abrine, ricine, robine)
ou microbiens (tétanos). Il a toujours trouvé que le père ne
communique jamais l'immunité à ses descendants. La mère
seule possède cette propriété. M. Vaillard d'une part (pour le
tétanos, le charbon, le choléra, le vibrion avicide), M. Wernicke (3)
d'autre part (pour la diphtérie) sont arrivés à une conclusion
semblable, de sorte qu'on pourrait croire le procès jugé, mais il
ne faut peut-être pas se hâter de conclure.

____

(1) Celle du passage des leucocytes maternels au travers du placenta,
de sorte que l'enfant contiendrait les phagocytes résistants de la mère.
Vaillard. Hérédité de l'immunité acquise (*Ann. Inst. Past.*, t. X, 1896,
82).

(2) *Zeitschrift f. Hyg.*, 1892, t. XII. — Ehrlich et Hübner (*Idem*,
1894).

(3) Wernicke. Inst. d'hyg. de l'Université de Berlin, 1895.

MM. Charrin et Gley (1) ont démontré que quand on accouple deux Lapins dont le mâle seul a été vacciné contre le Bacille pyocyanique, « on peut voir dans des cas assez rares l'immunité transmise aux descendants. Si cette transmission est inconstante, si cette immunité des descendants est le plus souvent incomplète, peu profonde, néanmoins il y a là un attribut héréditaire du fait de cet élément mâle ».

MM. Tizzoni et Centanni (2) ont également conclu de leurs recherches sur la rage et le tétanos que le mâle peut transmettre l'immunité.

Depuis la publication de ces derniers travaux, MM. Ehrlich et Hübner d'abord, puis M. Vaillard ont affirmé que, pour le tétanos, ils n'avaient pas vérifié les résultats de ces deux derniers expérimentateurs, mais ils n'ont pas étendu leurs recherches au cas de la rage et du Bacille pyocyanique de sorte que la question précédente reste ouverte.

M. Vaillard se demande s'il faut croire « que l'immunisation contre le Bacille pyocyanique se singularise par une particularité étrangère aux autres immunisations étudiées jusqu'ici ». Il remarque que, d'après le témoignage de MM. Charrin et Gley, cette transmission d'origine paternelle est un fait rare, « inconstant, presque inouï ». Il est conduit « à se demander si la survie des deux animaux *jugés* réfractaires ne s'expliquerait point par cette inégalité naturelle de résistance que l'on rencontre chez des animaux de même apparence à l'égard de doses faibles d'un virus ou d'un poison. Il semblera tout au moins qu'une expérience *unique* se présentant dans ces conditions ne suffit pas à imposer la réalité d'un fait que d'autres faits plus nombreux contredisent ».

Il y avait intérêt, d'après ce que nous venons de citer, à répéter cette expérience *unique* ; en réalité, elle a été faite à plusieurs reprises et les recherches de MM. Charrin et Gley sur cette question ont été continuées de 1884 à 1896.

Voici le détail d'une expérience qui nous paraît importante : Du 25 mars au 12 avril 1884, on vaccine 6 lapins bien portants,

---

(1) *Comptes rendus de l'Acad. des Sc.*, 1893.

(2) Tizzoni et Centanni. *Centralbl. f. Bakter.*, XIII, n° 3. *Deutsche med. Wochens.*, 1892, XVIII, 394. — La transmissione ereditaria da padre a figlio dell' immunita contro la rabbia (*Riforma medica*, 1893, IX, 101).

en leur injectant sous la peau 15 centimètres cubes de toxines pyocyaniques, toxines réparties en 7 doses, introduites à deux jours d'intervalles au minimum.

Le 1ᵉʳ mai, on place ces 6 lapins dans 6 cages séparées ; chacune de ces cages renferme une lapine saine.

Le 4 juillet, sur 5 petits d'un couple, 4 meurent en 48 heures (1), un seul résiste une semaine ; le 7 juillet, un autre couple a 8 petits, 3 meurent dans les 10 premiers jours, 5 s'élèvent.

Le 2 octobre, on inocule le Bacille pyocyanique au père, à la mère et à des témoins. Ces derniers meurent au bout de 4 jours, la mère au bout du 11ᵉ, le père survit. On avait d'ailleurs constaté préalablement que la mère avait un sang bactéricide. Ceci prouve donc que la femelle, qui était normale, a été légèrement modifiée par suite de son rapprochement avec le mâle vacciné.

Pour les cinq petits qui avaient survécu, le pouvoir bactéricide de leur sang était également indéniable. Le 8 octobre, on inocule à quatre de ces rejetons le Bacille pyocyanique.

Le 11 octobre, deux témoins meurent.

Le 12, un premier rejeton du père pyocyanisé meurt.

Le 14, le troisième témoin périt.

Le 19, les 4ᵉ et 5ᵉ témoins meurent,

Le 23, mort d'un autre fils du père pyocyanisé.

Deux autres rejetons de cette même origine ont survécu.

Pendant 5 ans, ces expériences ont été suivies. D'abord en 1893-1894, en dépit des mauvaises influences du virus sur la gestation, les couples où le père seul était vacciné ont fourni

-----

(1) Il est très intéressant de constater ici une analogie avec les cas de syphilis où il y a des accouchements au bout des 6ᵉ, 8ᵉ mois, des avortements, où l'on voit des fœtus dont les viscères, dont la peau offrent des altérations qui sont parfaitement significatives. Souvent les enfants périssent dans les premiers jours.

Cette grande analogie de résultats avec ceux que l'on connaît pour la syphilis auraient dû mettre M. Vaillard en garde contre le caractère trop absolu de ses conclusions.

Il est bien établi qu'un enfant syphilitique peut être engendré par un père atteint de cette affection, la mère demeurant saine, « il existe donc, disent MM. Strauss et Chamberland, des maladies virulentes chroniques où l'infection du fœtus est le résultat d'une imprégnation, et nous force, par conséquent, à admettre l'infection de l'ovule par le spermatozoïde virulent » (Recherch. exp. sur la transmiss. de quelques maladies virulentes, en particulier du charbon. *Arch. de phys.*, 3ᵉ série, t. I, 430).

16 sujets, 4 ont présenté une augmentation sérieuse de résistance, mais cette résistance n'avait rien d'absolu.

« Il était donc légitime de dire que le père, si la mère est normale, ne parvient pas, en général, à faire passer aux cellules des descendants ses propriétés de défense contre les virus. Si même on ne poursuit pas *très longuement* les expériences, on est conduit à nier la réalité du phénomène (1). »

Enfin, en 1896, alors que M. Vaillard disait : « Il semblera au moins qu'une expérience unique se présentant dans ces conditions ne suffit pas à imposer la réalité d'un fait que d'autres faits nombreux contredisent », MM. Charrin et Gley disaient que sur 36 petits issus d'une expérience où le mâle avait été seul vacciné, ils avaient observé 3 fois *avec certitude* une immunité absolument incontestable. La transmission est rare, elle a lieu dans la proportion de 1/12, tandis que quand le père et la mère sont vaccinés tous les deux, la transmission a lieu dans la proportion d'un tiers. Bien que la différence soit appréciable, il n'y a pas, en somme, entre les deux transmissibilités un abîme infranchissable. Il nous paraît donc que, pour certaines maladies au moins, la transmission héréditaire peut se faire par le père.

Étudions maintenant l'immunisation obtenue en vaccinant la femelle. Une expérience très nette est citée par M. Vaillard entre beaucoup d'autres. Une femelle de Cobaye est très fortement immunisée contre le tétanos en janvier et février 1891 : à partir de cette date, il n'est plus fait d'injections vaccinantes. De mai 1891 à mai 1892, cette femelle a produit 4 portées.

1° mai 1891, 4 petits, tous ont une forte immunité,

2° août 1891, 4 petits, tous ont une forte immunité.

3° décembre 1891, 4 petits, tous ont une forte immunité.

4° mai 1892, 3 petits, tous ont une forte immunité, mais moins prononcée que les précédents ; l'inoculation de la dose de toxine trois fois supérieure à la dose mortelle a produit un léger tétanos.

On voit donc, dans tous ce cas, nettement la persistance héréditaire de l'immunité.

Cette propriété transmise est-elle comparable à celle qui existait chez la mère? Les expériences de Rickert sur la Clavelée

----

(1) CHARRIN et GLEY. Infl. de la cellule mâle sur la transm. héréditaire de l'immunité (*Arch. de phys. norm. et path.*, 5e série, t. VII, 1895, 154).

montrent qu'un agneau vacciné directement ne contracte pas le Claveau au bout de trois ans, tandis que les bêtes issues d'une mère vaccinée le contractent régulièrement, bien qu'ils fussent réfractaires à l'âge de 3o ou 4o jours.

M. Ehrlich a trouvé également que les Souris vaccinées contre les toxines végétales ne transmettaient cette propriété que temporairement à leur descendance.

L'immunité acquise par la mère et transmise à la descendance ne serait pas, selon lui, une propriété héréditaire, car elle ne se transmet pas de génération en génération. Les phénomènes qui se manifestent résultent uniquement de l'apport passif de la substance antitoxique contenue dans l'organisme maternel : quand cette substance est éliminée par les jeunes, ils ne sont plus vaccinés. L'immunité des nouveau-nés n'a donc qu'une durée très passagère (3 à 4 semaines).

M. Ehrlich avait même cru prouver que cette sorte de vaccination transitoire tenait à l'introduction d'antitoxine par le lait de la mère. Ce résultat paraît exact pour la Souris, mais il ne s'applique plus au Cobaye et au Lapin comme l'a prouvé M. Vaillard.

Si l'explication de M. Erlich était applicable à tous les cas, on ne devrait jamais constater, dans la descendance d'animaux immunisés, une immunité persistante : elle devrait toujours décroître et par conséquent disparaître. Or, non seulement elle ne disparaît pas toujours mais dans un cas, exceptionnel il est vrai, M. Vaillard (1) a constaté un degré marqué de résistance chez un Cobaye de *deuxième génération*.

Comment ne pas qualifier ce phénomène d'héréditaire? Comment M. Vaillard peut-il se croire en droit de conclure de ses expériences, qui ne paraissent pas avoir été poursuivies pendant de longues années (comme doivent nécessairement l'être toutes les études qui portent sur ces problèmes si délicats de l'hérédité), que *toutes* les données qu'il a relevées sont en opposition formelle avec le rôle attribué à l'immunité dite héréditaire dans l'histoire générale des maladies.

Il nous paraît, au contraire, résulter de ce qui précède qu'il y a dans plusieurs cas l'ébauche d'une hérédité d'abord chancelante qui ne doit pas tarder à s'affermir; s'il en est ainsi, on peut

____

(1) P. 73.

expliquer beaucoup de faits entre autres celui que nous citions plus haut relativement au caractère foudroyant et terrible de certaines épidémies chez des peuples sauvages de maladies qui, chez les peuples civilisés, ont une allure beaucoup plus bénigne.

Si la théorie soutenue par M. Ehrlich était exacte, le fait établi par MM. Charrin et Gley serait impossible. M. Ehrlich distingue, en effet, deux immunités : l'une *active*, qui est stable et persistante, due à ce que les cellules de l'organisme vacciné sont propres à produire une substance antitoxique ou bactéricide ; l'autre *passive*, qui est seulement passagère, résulte de l'introduction brusque dans l'organisme d'une substance toxique ou bactéricide. Le type de cette dernière est fourni par la résistance transitoire que communique aux animaux l'injection d'un sérum antitoxique. Cette deuxième forme d'immunité est, d'après M. Ehrlich, la seule qui appartienne aux descendants d'une mère vaccinée.

Mais comment se fait-il qu'elle puisse se maintenir quelquefois jusqu'à la deuxième génération ? Il est évident que, dans les expériences de MM. Charrin et Gley sur la vaccination par le mâle, il ne peut être question d'une pareille explication car les mâles avaient reçu les toxines 15 ou 18 jours avant d'être utilisés et [d'après les expériences de M. Bouchard, de MM. Ruffen et Charrin, de M. Fränkel] les toxines étaient éliminées au bout de ce temps. La mère d'ailleurs n'acquiert que rarement l'état réfractaire alors que les enfants l'ont pris. Si la transmission de l'immunité tenait seulement à une action directe sur les embryons de toxines formées dans l'organisme maternel à la suite de la contamination par le père, la mère serait plus souvent vaccinée.

Il ne peut donc pas être question d'une hérédité passive, mais de la transmission d'une propriété cellulaire. « Il s'agit là, disent MM. Charrin et Gley, d'une transmission du plasma germinatif, c'est ici une action héréditaire au sens rigoureux du mot, inexplicable, croyons-nous, si l'on n'admettait pas l'hérédité des caractères acquis. »

On voit d'ailleurs que cette hérédité nouvelle peut se traduire, soit par la propriété de produire des substances bactéricides, soit par celle de développer des antitoxines ; il se peut enfin que les phagocytes acquièrent la propriété d'englober les microbes (1).

---

(1) Ces trois propriétés peuvent être parfaitement distinctes et les ex-

Les expériences de Mlle Everard, MM. Demoor et Massart plaident d'ailleurs en faveur d'une altération héréditaire des leucocytes. M. Vaillard a fait à ce propos une hypothèse assez intéressante. Il se demande si le placenta ne livre pas passage aux phagocytes de la mère. Bien qu'on ait pu dire que, dans ce cas, il n'y aurait pas immunité transmise ou héritée, mais simplement continuée (1) en fait, pratiquement, nous serions en droit de dire qu'il y a parfaitement héritage.

En somme, ce n'est pas parce qu'une antitoxine passe du plasma maternel dans le plasma fœtal que l'immunité se manifeste comme le voudrait M. Ehrlich, il ne s'agit pas d'immunité passive puisque certains rejetons possèdent l'immunité sans avoir du sang antitoxique. L'immunité résulte donc des effets subis par certains éléments cellulaires. L'antitoxine maternelle rend les cellules du fœtus insensibles à l'intoxication ; ou bien elle communique aux cellules phagocytaires l'aptitude d'englober et de détruire les agents d'infection.

Même dans les cas où le pouvoir de protection est éphémère, comme dans le tétanos, « il y a lieu de se demander, dit M. Vaillard, si par suite de cette excitation de l'antitoxine sur l'organisme fœtal celui-ci ne devient pas capable de la sécréter à son tour. Ainsi s'expliquerait pourquoi le sang des animaux issus d'une mère immunisée contre le tétanos peut encore contenir de l'antitoxine deux mois et plus après la naissance, bien que, en règle, cette substance s'élimine assez promptement ». Il y a donc là nettement ébauche d'une propriété cellulaire héréditaire nouvelle, mais elle peut

---

périences de M. Vaillard plaident nettement dans ce sens. Dans les expériences où la mère avait été vaccinée contre le tétanos, le plus souvent le sang des jeunes lapins était antitoxique, mais quelquefois cette propriété était faible ou nulle. D'autre part, ces Lapins dont le sérum n'est pas antitoxique résistent au poison tétanique ; d'autres individus, au contraire, dont le sérum est légèrement antitoxique, succombent sous l'action de faible dose.

L'acquisition du pouvoir antitoxique est donc importante, mais elle n'est pas suffisante.

Un cas typique est celui de l'immunité transmise contre le Vibrion avicide. La propriété bactéricide des humeurs n'y prend aucune part, ainsi que l'a montré M. Metchnikoff. Or, les Cobayes réfractaires au Vibrion conservent toute leur sensibilité à sa toxine. Les petits issus de femelles vaccinées dans ce cas ne doivent donc pas leur immunité ni à une substance bactéricide ou antitoxique ; « leur résistance dérive essentiellement, dit M. Vaillard, de l'aptitude des cellules à détruire le virus ».

(1) *Année biol.*, II, p. 455 (remarque de M. Vuillemin).

quelquefois devenir plus stable puisque M. Vaillard a constaté, dans un seul cas il est vrai, la transmission de l'immunité à la 2ᵉ génération.

Tous ces essais montrent combien ces questions sur l'hérédité sont délicates, elles prouvent surabondamment que là, moins que partout ailleurs, il ne faut pas se hâter de proclamer des résultats négatifs et dédaigner les données qui paraissent accidentelles. On doit répéter un grand nombre de fois les mêmes expériences et voir dans quelle proportion les faits considérés comme accidentels se produisent On arrive ainsi à se convaincre que dans l'immunité, comme dans tous les phénomènes de la nature, l'hérédité joue un rôle qui n'est pas négligeable et qui, avec les siècles, doit devenir souvent important, peut-être même capital.

CHAPITRE IX

SÉLECTION GERMINALE

Dans un travail récent, qui n'est pas sans déceler des traces d'un certain découragement, M. Weismann (1) reconnaît que, malgré plus de quarante ans d'existence, le principe de la sélection est encore remis en doute presque comme à son premier jour. Il constate même qu'il y a comme une sorte de désenchantement à son égard ; il cite certains jeunes biologistes, comme M. Hans Driesch (2), qui vont jusqu'à parler « des prétentions de la doctrine renversée de Darwin » ; il remarque que Huxley, un des défenseurs de la première heure, a laissé récemment planer un doute sur le principe fondamental de Darwin et de Wallace, qu'il a osé même admettre que « l'hypothèse darwinienne » pourrait être un jour emportée, il est vrai que c'est pour ajouter que l'idée évolutionniste n'en subsisterait pas moins inébranlable.

M. Delage (3) a très bien résumé les objections diverses faites à la sélection, il les rattache à sept chefs parmi lesquels je citerai seulement les plus typiques : « 1° Les causes de la variation étant *plus faibles que les causes de la fixité,* celle-ci doit forcément l'emporter sur celle-là ;

« 2° La sélection est impuissante parce que la plupart des caractères qu'elle est censée avoir développés sont *inutiles* et ne lui donnent pas la possibilité de s'exercer (Romanes, Naegeli) ;

« 3° Il est de nombreux caractères utiles que la sélection n'a pu former, parce que *leur utilité ne se montre que lorsqu'ils sont complètement développés* (Mivart, Wolf) ;

« 4° Les variations, même lorsqu'elles sont utiles à tous les

---

(1) Ueber Germinal Selection. Iena, 1896.

(2) Driesch. Die biologie als selbständige Grundwissenschaft. Leipzig, 1893, p. 31.

(3) Struct. du protopl. et hérédité, p. 371-383.

degrés, le sont trop peu pour créer un avantage donnant prise à la sélection (Naegeli, Spencer, Roux) (cas du cou de la Girafe). »

M. Semper (1) faisait remarquer, dès 1880, que la sélection ne pouvait pas produire un organe ; l'organe doit être né avant que la sélection puisse le renforcer et le construire plus largement.

M. Romanes (2) qualifie de « sophisme extravagant » la prétention de ceux qui affirment que tous les caractères héréditaires sont dus nécessairement à la sélection naturelle.

M. Eimer (3) est arrivé à des résultats d'une très haute importance, qui présentent avec ceux dont j'ai parlé dans le chapitre III, à propos des plantes alpines et polaires, un accord saisissant. L'examen des dessins des ailes des Papillons le conduit à cette conclusion qu'un développement régulier et présentant un petit nombre de directions déterminées a présidé à la production des caractères nouveaux des espèces. L'évolution des formes vivantes a lieu par *orthogénèse*, c'est un point sur lequel déjà ont beaucoup insisté Cope et ses disciples. Les caractères nouvellement formés ne sont que les réactions de l'organisme à l'action de certaines causes externes, réactions d'ailleurs soumises aux lois de la croissance organique que M. Eimer appelle *organophysis*, mais qui sont tout simplement les lois de la physiologie. Parmi les agents extérieurs dont il mentionne l'action, il y a la nutrition et surtout la température. Ces facteurs produisent des séries de variétés et d'espèces *dans un sens déterminé*, correspondant nettement aux stades de l'évolution. Lorsqu'on examine les espèces alliées au *Papilio Ajax*, notamment, on observe, en allant du Nord au Sud, un sens d'évolution défini qui est celui qui a donné naissance aux variétés saisonnières (*Walshii, Telamonoïdes* et *Marcellus*).

Ces directions de développement sont tout à fait analogues à celles que je citais à la page 31 en comparant les végétaux de l'Europe centrale et les plantes arctiques ou montagnardes (4).

----

(1) SEMPER. Die natürlichen Existenzbedingungen des Thiere. Leipzig, 1880.

(2) ROMANES. Darwin and after Darwin, p. 273.

(3) EIMER. Die Artbildung und Verwandschaft bei den Schmetterlingen.

(4) M. APFELBECK (*Bull. Soc. zool. France*, XX, p. 71) a récemment examiné l'influence du climat alpin sur un Coléoptère (*Otiorhynchus consentaneus*) et il a constaté, avec un changement d'altitude, un raccourcissement progressif des articles des antennes, du tarse.

M. Eimer, qui se montre évidemment très radical, trouve que l'opinion consistant à croire que c'est la sélection naturelle qui détermine la production des espèces nouvelles est une erreur incroyable, et il s'étonne qu'elle ait pu résister longtemps à l'étude des faits.

Cependant M. Wallace (1) a prétendu qu'on n'a jamais pu révéler un agent autre que la sélection capable de produire *constamment des modifications identiques dans tous les individus d'une espèce.* Il faut reconnaître, au contraire, que rien n'est moins clairement établi que la nécessité de cet effet, et l'action du milieu seule peut expliquer l'identité des modifications chez tous les individus adaptés. Si l'utilité était l'arbitre suprême et unique de la variation des êtres, rien ne les astreindrait à évoluer dans le même sens. Ce point fondamental a été complètement méconnu par les néo-darwinistes.

Cette objection n'est d'ailleurs pas nouvelle, elle a été faite avec beaucoup de force par de Quatrefages (2) et personne n'a réfuter ce qu'a dit Jordan sur ce point.

Les conclusions tirées récemment par M. Henslow (3) de ses études sur la sélection sont d'une remarquable netteté dans leur intransigeance. Le darwinisme, selon lui, repose sur deux postulats : 1° la variation est indéfinie, désordonnée ; 2° les différences individuelles nombreuses ainsi produites peuvent donner prise à la sélection. Or ces deux postulats sont inexacts, car les variations,

____

(1) M. WALLACE (*Journ. of Linn. Soc.*, XXV, p. 481-496).

(2) DE QUATREFAGES. Darwin et ses précurs. français, p. 100, 243. — Émules de Darwin, II, Carl Vogt, p. 8 à 13, etc.

(3) HENSLOW. Does Natural Select. play any part in the Orig. of species amongst Plants (*Nat. Sc.*, XI, p. 166). Contrairement à Darwin, selon M. Henslow, la progéniture d'un individu ne varie pas d'une manière indéfinie et *en tous les sens,* quand la progéniture est placée dans des conditions nouvelles d'existence. Si l'on cultive la Carotte ou le Panais sauvage, ce sont les mêmes caractères nouveaux qui se produisent chez tous les individus. Si l'on sème une multitude de graines de *Ranunculus aquatilis* sur un terrain non inondé, on obtiendra des individus *tous semblables.*

Le cas de *Diopyros Kaki* paraît, à première vue, faire exception à cette règle : transportés du Japon à Java, les individus se sont divisés en deux lots : les uns fructifiant en avril, les autres fructifiant en octobre. En fait, il ne s'est pas produit ici des réactions dans tous les sens, mais dans deux. Sous l'influence du climat, l'irritabilité protoplasmique a réagi, et deux possibilités ont pu se réaliser et non un nombre indéfini.

dit M. Henslow, se produisent très vite et sous l'action du milieu et il n'est pas besoin, pour cela, de la sélection.

M. Wolf (1) a également exercé toute la sagacité de son esprit critique contre la théorie darwinienne, et ses objections ne sont certes pas sans portée.

Il est d'ailleurs à remarquer que toutes ces difficultés se lèvent comme par enchantement si l'on admet l'action du milieu et si l'on attribue seulement à la sélection un rôle subordonné s'exerçant après coup. De Quatrefages (2) a déjà montré tout cela avec la plus grande clarté, car il croyait fermement à l'action des agents extérieurs. Il est vrai qu'il a pensé jusqu'à sa dernière heure que jamais, par l'expérience, on n'arriverait à prouver que les conditions de vie peuvent provoquer la formation d'espèces ; mais sur ce point, on ne peut plus admettre son opinion.

Les attaques contre les conceptions néo-darwiniennes étaient trop nombreuses, et surtout trop sérieuses, pour être indéfiniment passées sous silence. M. Weismann a fini par s'en apercevoir, et il s'est efforcé de lever au moins quelques unes de ces difficultés.

Il a reconnu la portée de la grave objection formulée surtout par les paléontologues et les zoologistes américains que la variation s'opère suivant des lignes définies. C'est pour cette raison que les néo-lamarckiens du Nouveau Monde, refusent d'attribuer à la sélection individuelle le rôle que lui reconnaissent les disciples de M. Weismann. L'atrophie des doigts extérieurs du sabot des Mammifères notamment s'est opérée d'une manière informe dans la succession des âges géologiques, c'est là un fait positif qu'il faut expliquer parmi beaucoup d'autres.

Les anciennes théories sont insuffisantes, même celle de la panmixie ou cessation de la sélection sur laquelle on avait fondé un moment de grandes espérances, M. Weismann en convient aujourd'hui (3). Il paraît d'ailleurs avoir été frappé par une affirmation énoncée dans un travail, assez obscur d'ailleurs, de M. Osborn (4) dans lequel ce dernier a émis cette idée qu'il doit y avoir un facteur encore inconnu de l'évolution.

____

(1) Wolf. Beiträge zur Kritik der Darwinischen Lehre (*Biolog. Centralbl.*, X). — Bemerkungen zum Darwinismus mit einem Beitrag zur Physiologie der Entwickelung (*Idem*, XIV).

(2) Émules de Darwin II, p. 8-13.

(3) Weismann. Germinal Selection.

(4) Osborn. The hereditary mechanism and the search of the un.

Ému par cette nouvelle, M. Weismann s'est mis immédiatement en campagne pour trouver ce facteur, et il croit avoir trouvé cette fois la vraie théorie, celle de la sélection germinale.

Il convient d'abord, dans une critique assez inattendue sous sa plume et en somme très judicieuse de la méthode sélective, qu'on ne sait pas, à l'aide de ce seul guide, quand une variation nécessaire apparaît, ni surtout de quoi elle dépend ; nous n'avons, ajoute-t-il, aucune idée des processus de la sélection ; nous n'avons même aucun critérium solide pour reconnaître si une variation est utile. C'est là, il faut l'avouer, un état de choses très fâcheux, d'autant plus qu'il y a peu de chances de l'améliorer. Comment, en outre, mettre en évidence l'intervention du facteur de Wallace ? Il nous est impossible d'observer tous les individus d'une espèce même sur un faible domaine. On voit, d'après cela, que la sélection proprement dite ne se prête pas du tout aux recherches expérimentales, et assez difficilement aux observations.

On ne saurait juger avec plus d'amertume l'impuissance d'une théorie. Il doit donc conclut M. Weismann manquer quelque chose aux conceptions de Darwin et de Wallace.

Il ne suffit plus de faire intervenir la sélection des individus, il faut avoir recours à la sélection germinale. M. Weismann applique aux biophores et aux déterminants le principe de la lutte des parties imaginé par M. Wilhelm Roux. La nutrition n'est pas seulement un processus passif, car un biophore ou un déterminant se nourrit d'autant plus qu'il est plus fort : son pouvoir assimilateur est donc destiné à s'accroître, tandis que celui des déterminants affaiblis ne peut que diminuer. Ces variations qui se produiront dans l'œuf se transmettront par cela même à la descendance. La sélection entre individus n'ayant pas lieu, puisque la panmixie (cessation de sélection) existe seule dans le cas d'un organe en voie de régression, les individus à organe affaibli se propageront et, à la génération suivante, le même organe subira encore un amoindrissement par la lutte des déterminants.

Cette théorie, comme on le voit, permet de lever plusieurs objections graves faites à la sélection pure. Les variations ne se

known factors of evolution (*Biological Lect.*, 1893) dit aussi subtilement qu'il ne peut y avoir hérédité des caractères acquis, en admettant cependant la fixation de variations ontogéniques identiques. Ce sont des subtilités identiques à celles qui se trouvent dans les ouvrages de MM. Lloyd Morgan et Baldwin.

produisent pas au hasard, mais suivant des lignes définies : ce point nous est maintenant expliqué et il est très important.

En somme, M. Weismann a appliqué aux particules représentatives des êtres le principe de la concurrence vitale ; mais il ne s'est pas aperçu qu'en admettant ces conceptions nouvelles il se rapprochait singulièrement de Lamarck. M. Le Dantec a montré avec netteté qu'il y a un malentendu au fond du débat entre les Lamarckistes et les Darwinistes. « Darwin, dit-il, en niant la valeur des principes de Lamarck, *a méconnu l'importance des plus remarquables conclusions que l'on puisse tirer de sa propre loi de la sélection naturelle.* » Mais il faut ajouter de suite que « les principes de Lamarck ne se déduisent d'ailleurs de la loi de la sélection naturelle que si l'on applique cette loi à des cas dans lesquels Darwin ne les a jamais fait intervenir, savoir, à la lutte pour l'existence entre les tissus de l'organisme en voie de développement ».

A lieu de se tenir dans de vagues généralités, pour établir cette lutte entre cellules, M. Le Dantec (1) choisit des exemples typiques tirés de l'étude des Bactéries et il arrive à des résultats d'une netteté saisissante. Prenons un mélange de Bactéridies du Charbon asporogènes et sporogènes, dit-il, cultivons-les dans un milieu confiné ; puis, semons dans du bouillon frais et nous obtenons une culture pure de la forme sporogène. Il y a donc eu lutte entre les deux types de cellules et ces dernières sont sorties victorieuses du combat.

Le résultat que nous venons d'obtenir n'a pas lieu dans toutes les conditions, c'est là ce qu'on oublie trop souvent. En effet, injectons dans un animal les Bactéridies précédentes sporogènes et asporogènes d'égale virulence ; après la mort de l'animal, nous les y retrouvons toutes les deux.

Ensemençons, au contraire, des asporogènes virulentes et des sporogènes atténuées dans du bouillon, au contact de l'oxygène : il y aura destruction des asporogènes. « Chaque fois que l'on introduit dans un milieu quelconque un mélange de certaines variétés de plastides il y a toujours sélection, *mais avec une activité spéciale.* » Dans la seconde expérience, la faculté asporogène n'a aucune influence sur l'aptitude des Bactéries à se développer dans le Mouton, aussi les deux races subsistent-elles toutes les deux.

----

(1) Le Dantec. Évolut. indiv. et hérédité. p. 36-37.

Ces exemples montrent donc, d'une façon précise, ce que doit être la lutte entre les cellules et ils sont un peu plus suggestifs que toutes les théories. Ils nous y apprennent, fait que M. Weismann néglige complètement, l'incertitude du résultat de la lutte et nous voyons comment les conditions extérieures peuvent intervenir pour changer les triomphateurs en vaincus.

On voit le grave défaut de la théorie nouvelle; on comprend pourquoi nous ne croyons pas, contrairement à ce qu'affirme M. Delage, que cette nouvelle conception de M. Weismann soit destinée à « faire époque (1) ». L'auteur est incapable d'expliquer l'origine de la variation ; il reconnaît que c'est le « fardeau pesant » qui l'accable. En négligeant le rôle fondamental des conditions extérieures et de l'excitation fonctionnelle, il se prive du choc initial expliquant le début du changement des êtres et son hypothèse manque de fondement premier.

Selon M. Wolf (2), les néo-darwinistes avaient toujours considéré jusqu'ici les variations comme irrégulières et d'origine accidentelle. La sélection germinale lui apparaît comme une tentative désespérée d'accorder le reste de la théorie avec cette vue nouvelle de la variation définie, imposée à M. Weismann par les résultats de l'école américaine ; la théorie nouvelle équivaut à une concession que l'on a refusé longtemps de faire.

La sélection intragerminale est un processus de distribution inégale de nourriture et on peut toujours se demander si un déterminant est plus gros parce qu'il est plus nourri ou s'il est plus nourri parce qu'il est plus gros. Si l'on admet que le déterminant d'un organe est plus gros parce que l'organe auquel il se rapporte est plus actif et par cela même plus nourri, on a une solution qui est du lamarckisme pur.

Dans l'expérience de M. de Vries citée plus haut (3), on voit nettement que le choc qui met en branle la variation est dû au milieu nutritif externe : c'est l'aliment qui produit la variation de taille et de pouvoir assimilateur des déterminants. L'antécédent est dans le milieu, le conséquent dans le déterminant.

Embarrassé par la variation initiale, M. Weismann (à défaut

---

(1) *Année biologique*, 1896, p. 497.
(2) Wolf. Der gegenwärtige Stand des Darwinismus. Leipzig, 1896, 30 p.
(3) P. 40 et 41.

d'autre explication) invoque la sélection individuelle pour en rendre compte. M. Delage dit, avec raison, « que la sélection n'a aucune prise sur les variations du début, car elles sont trop faibles pour constituer un avantage de quelque importance ».

S'il s'agit d'organes en voie de régression, on doit remarquer que la panmixie ne doit intervenir aussi que très lentement, ce n'est donc pas elle qui imprimera non plus aux déterminants leur branle initial de variation. Quelle que soit l'origine de la rupture de l'équilibre, une fois produit, le changement sera rapide comme les expériences sur les Bactéries nous le montrent nettement et les variations de cet ordre devront s'observer promptement. Il est encore difficile, à ce propos, de ne pas songer aux actions brusques de milieu ou aux effets rapides de l'excitation fonctionnelle pendant la vie.

M. Delage fait encore une remarque judicieuse : « Les vainqueurs de la lutte dans le plasma germinatif peuvent être, si la sélection n'intervient pas, aussi bien les ennemis de l'organisme que ses amis, de la même façon que l'on voit les cellules d'une tumeur cancéreuse attirer à elle la plus grande partie des sucs nutritifs pour pourvoir aux nécessités de leur néfaste multiplication. En sorte que l'on se retrouve en présence du même sphinx, posant le même dilemne : seule la sélection pourrait diriger la variation à ses débuts et elle n'a pas de prise sur elle. » La solution de l'énigme est fournie par l'action du milieu qui, par les lois de la physiologie, impose aux cellules une adaptation aux conditions ambiantes.

En somme, ce qui reste d'inexplicable dans la théorie de M. Weismam tient à ce qu'il ne veut pas faire appel à l'hérédité d'exercice, comme il a déjà fini par faire, subrepticement il est vrai, appel à l'héridité des variations dues au milieu. Il ne faut pas désespérer pas de le voir arriver à cette conclusion. Il s'en rapproche et il semble qu'il viendra un moment où il sera difficile de distinguer un néo-darwinien des adversaires qu'il voulait combattre : c'est là un résultat dont les amis du transformisme et de la vérité ne sauraient trop se réjouir.

Documents manquants (pages, cahiers...)

NF Z 43-120-13